“十四五”河南省重点出版物出版规划项目

河南省科学技术协会科普出版资助·

人体与健康保卫战

总主编　章静波　钱晓菁

守护生命的基本单位——细胞

王涛　张晓艳　著

郑州大学出版社
大象出版社

图书在版编目(CIP)数据

守护生命的基本单位：细胞／王涛，张晓艳著．—郑州：郑州大学出版社：大象出版社，2022.8
（人体与健康保卫战／章静波，钱晓菁总主编）
ISBN 978-7-5645-8711-6

Ⅰ．①守… Ⅱ．①王… ②张… Ⅲ．①细胞－青少年读物 Ⅳ．①Q2-49

中国版本图书馆 CIP 数据核字(2022)第 084210 号

守护生命的基本单位——细胞
SHOUHU SHENGMING DE JIBEN DANWEI——XIBAO

策划编辑	李海涛　杨秦予	封面设计	苏永生
责任编辑	张彦勤　陈秋枫	版式设计	王莉娟
责任校对	薛　晗	责任监制	凌　青　李瑞卿

出版发行	郑州大学出版社　大象出版社	地　址	郑州市大学路 40 号(450052)
出 版 人	孙保营	网　址	http://www.zzup.cn
经　销	全国新华书店	发行电话	0371-66966070
印　刷	河南文华印务有限公司		
开　本	787 mm×1 092 mm　1／16		
印　张	9.25	字　数	144 千字
版　次	2022 年 8 月第 1 版	印　次	2022 年 8 月第 1 次印刷

书　号	ISBN 978-7-5645-8711-6	定　价	59.00 元

作者简介

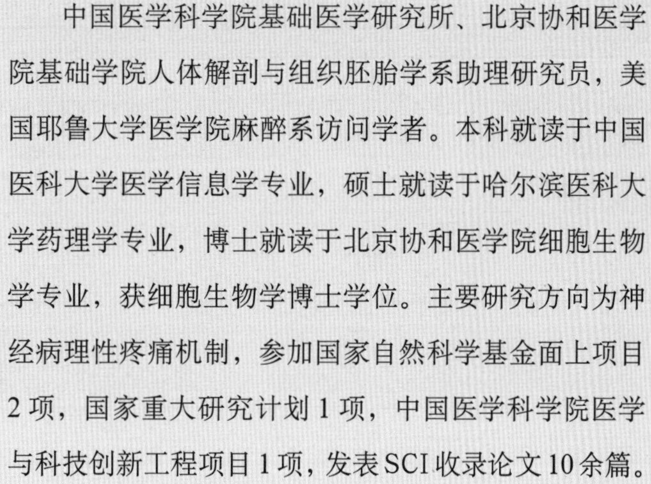

中国医学科学院基础医学研究所、北京协和医学院基础学院人体解剖与组织胚胎学系助理研究员，美国耶鲁大学医学院麻醉系访问学者。本科就读于中国医科大学医学信息学专业，硕士就读于哈尔滨医科大学药理学专业，博士就读于北京协和医学院细胞生物学专业，获细胞生物学博士学位。主要研究方向为神经病理性疼痛机制，参加国家自然科学基金面上项目2项，国家重大研究计划1项，中国医学科学院医学与科技创新工程项目1项，发表SCI收录论文10余篇。

王 涛

中国医学科学院微循环研究所、北京协和医学院微循环研究所，微血管病理组织学系副研究员。2012年毕业于北京协和医学院，获细胞生物学理学博士学位。主要研究方向为重大疾病微循环病理组织学。发表SCI收录论文10余篇。

张晓艳

内容提要

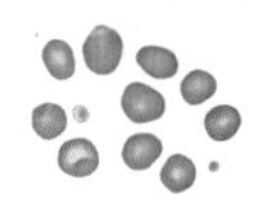

该书为“人体与健康保卫战”丛书的一个分册，共 12 章，主要介绍了人体各种细胞的特点与功能，用浅显易懂的语言，让广大青少年初步了解人体细胞的种类、结构与功能。该书图文并茂，生动活泼，能够把复杂的知识简单化，把抽象的问题形象化，把深奥的内容浅显化，具有原创性、知识性、可读性。该书以青少年为读者对象，为他们普及科学知识，弘扬科学精神，传播科学思想，让他们养成讲科学、爱科学、学科学、用科学的良好习惯，同时让他们尽早接触到生命科学和医学的知识和内涵，激发他们对生命科学和医学的兴趣，为实现中华民族伟大复兴的中国梦加油助力。

前言

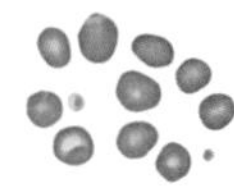

细胞是构成人体的最小功能单位，具有功能多样化、种类繁多的特点。人体的奥秘需要经过专业的医学知识学习、培训才能够略知一二。本书的主要宗旨是希望通过通俗易懂的语言、简洁形象的图画将晦涩难懂的医学知识介绍给读者。

本书的特点是避免使用医学专业词汇，更多地采用通俗易懂的语言，向读者介绍多彩的细胞在人体中发挥的重要生理功能，以及当细胞发生病理改变时，会对人体造成的严重影响，甚至是死亡。科学普及细胞相关的医学知识是我们最重要的目的。

本人历经二十多年的医学学习生涯，从对细胞一无所知，逐渐变成初步了解、一知半解，再到深入学习，但远远没有达到对人体所有细胞都了如指掌的程度。相反，随着科学技术的不断进步，人类在医学领域的探索也随之深入，科学家们对于细胞的研究仍然处于不断学习、改进和创新的阶段。现阶段仍然有很多关于细胞的医学问题，我们无法解释与回答，这些都需要医学工作者、科研工作者不断努力，继续探索。因此，编写这本书的过程，对于我本人来说，也是对细胞又一次新的认识和理解。通过查阅文献、检索网络资料去不断补充自己的知识，修正一些错误的认知。

本书的读者对象主要是青少年，即便对医学不感兴趣的同学，也希望你们能够对多彩的细胞有所了解，因为你们的身体就有这些细胞真实的存在，难道你们真的不想了解细胞都有哪些功能吗？它们是如何在人体内工作的吗？抱有对未知世界的探索，是你们将来不断前进的动力。加油吧！少年！

本书主要由本人编写，同时我也邀请了我博士期间的同学——中国医学科学院北京协和医学院微循环研究所的张晓艳老师共同参与其中一个章节的工作。

非常感谢协和医学院对我的培养，作为一个学习、工作在协和医学院的医学科研工作者，能够有机会接触和了解到很多科研工作的前沿项目！感谢协和人体解剖与组织胚胎学系的所有老师们，在与他们的一起工作中，这个集体给予我的帮助！

王涛

2020 年 12 月 12 日

目 录

第一章 强大的止血战士——血小板 …………… 1

一、血小板是如何发现的 ………………………… 2
二、血小板到底是什么东西呢 …………………… 3
三、血小板是从哪里来的 ………………………… 3
四、血小板有用吗 ………………………………… 4
五、没有血小板我们会怎么样 …………………… 5
六、血小板与可怕的血友病有关吗 ……………… 6

第二章 永不停止的士兵——心肌细胞 ………… 9

一、心为什么会不停地跳动 …………………… 10
二、心肌细胞有哪些离子通道 ………………… 12
三、如何增强心的功能 ………………………… 14
四、心肌细胞之间是如何联系的 ……………… 15
五、如何发现得了心脏病 ……………………… 16

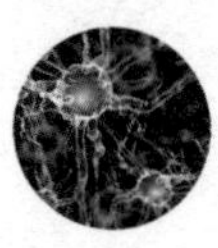

第三章　人体的因特网——神经细胞 ……………… 17

一、神经细胞是如何被发现的 ……………… 18
二、为什么人能记住很多事情 ……………… 22
三、如何增强大脑的可塑性 ……………… 24
四、如何减轻疼痛 ……………… 26
五、什么是阿尔茨海默病 ……………… 28
六、他在跳舞吗 ……………… 30
七、拳王也会颤抖 ……………… 31

第四章　环保卫士——肺细胞 ……………… 33

一、吸烟毒害了谁 ……………… 34
二、痨病有多可怕 ……………… 36
三、为什么人总会感冒 ……………… 38
四、非典有多可怕 ……………… 39
五、禽流感和人有什么关系 ……………… 40
六、新型冠状病毒有多危险 ……………… 41

第五章　你的高矮我说了算——骨细胞 ……………… 45

一、怎样才能长得更高 ……………… 46
二、如何战胜坏血病 ……………… 47
三、骨质疏松怎么办 ……………… 48
四、伤筋动骨 100 天 ……………… 51
五、如何预防佝偻病 ……………… 52

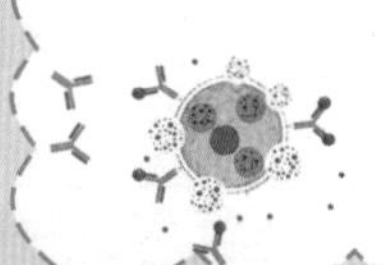

第六章　生命的补给护士——红细胞 …………… 55

一、红细胞是如何长大的……………………… 56

二、红细胞艰难的一生………………………… 57

三、红细胞都能做什么………………………… 59

四、你的血型和什么有关……………………… 59

五、如何预防贫血……………………………… 62

第七章　抵抗疾病的勇士——白细胞 …………… 67

一、是谁先发现的白血病……………………… 68

二、中性粒细胞都吃些什么…………………… 69

三、T 细胞都有哪几种 ………………………… 70

四、白细胞是如何杀菌灭毒的………………… 71

五、肥大细胞并不肥大啊……………………… 74

第八章　人体胖瘦的决定者——脂肪细胞 ………… 77

一、脂肪有用吗………………………………… 78

二、脂肪还分颜色啊…………………………… 79

三、为什么胖人冬天也怕冷…………………… 81

四、内脏脂肪是如何危害健康的……………… 82

五、没有脂肪会怎么样………………………… 83

第九章　移动的长城——皮肤细胞 ……………… 85

一、皮肤有哪些作用…………………………… 86

二、瘢痕是如何形成的………………………… 88

三、青春痘是什么 …… 89
四、被狗咬了怎么办 …… 90
五、为什么要洗澡 …… 92

第十章　生命的源头——生殖细胞 …… 95

一、精子细胞是在哪里出生的 …… 96
二、生精细胞包括哪几种细胞 …… 99
三、睾丸中是谁在支持生精细胞 …… 101
四、雄激素是哪种细胞分泌的 …… 104
五、卵子是如何形成的 …… 105
六、受精卵是如何形成的 …… 107
七、无法生育怎么办 …… 107

第十一章　人体的净化器——肾细胞 …… 109

一、肾是什么样子的 …… 110
二、人体内的水有哪些作用 …… 111
三、肾细胞都有哪几种 …… 113
四、尿毒症有多可怕 …… 114
五、令人烦恼的肾结石 …… 115
六、是谁发明了人工肾脏 …… 117

第十二章　人体动力之源——胃细胞 …… 121

一、胃细胞与“长生不老”有关系吗 …… 122
二、胃的大致结构和主要细胞 …… 124
三、幽门螺杆菌是胃癌的元凶吗 …… 133

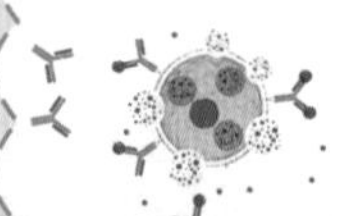

第一章
强大的止血战士——血小板

在日常生活中，人们经常会遇到因手指划伤、皮肤受损出现的流血现象，但是隔一段时间，伤口就会被凝固的血液堵上，血小板在这个过程中发挥了重要的作用。

血小板在很早就被科学家发现，由于它的样子长得不是很起眼，很多人就认为它只是血细胞破裂所产生的细胞碎片，没有什么功能，是无用的边角料。

其实，血小板看着不起眼，却发挥着重要的作用，它是人体正常运行所不可缺少的关键细胞。如果一个人的血小板出了问题，就会带来大麻烦，严重的甚至会危及生命。

一、血小板是如何发现的

人体是由很多不同种类的细胞组成的，它们各自默默地完成自己的工作，从而顺利保障人体能够完成各种生命活动。在人体所有细胞中，有一个体积最小的细胞，它的名字叫血小板，它还有一个英文的名字：platelet。

在血小板被发现之前的很长一段时间里，由于它的形态随着血液流动发生很大的变化，很多科学家一直认为血小板是血液中没有功能的细胞碎片。直到1882年，比佐泽罗（J. B. Bizzozero，1846—1901年）（图1–1），发现它们在血管损伤后的止血过程中发挥了重要作用，才首次提出血小板的命名。

比佐泽罗为意大利人，1846年3月20日出生于意大利的小城瓦雷泽。他曾在帕维亚大学学医，大学毕业时他才20岁。大学毕业后，只有21岁的他被选为帕维亚大学的首席研究人员在普通病理学和组织学教研室进行医学研究。在他27岁时，他搬到了都灵大学，并成立了普通病理学研究所。

比佐泽罗不但是一名医生，还是一位医学研究员。他有很多医学方面的贡献，其中比较著名的是发现了引起消化性溃疡的幽门螺杆菌。他是组织论的早期开拓者之一，同时他还是医学研究显微镜的使用者之一。

图1–1 J. B. 比佐泽罗

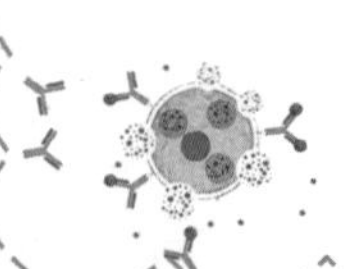

二、血小板到底是什么东西呢

血小板（图 1-2）是存在于血液中最小的细胞，同时也是最晚被发现的血液细胞。在 19 世纪中叶，随着显微镜的改进，不少学者已观察到血小板，但是当时学者们都认为所观察到的是白细胞的碎片或是纤维蛋白颗粒。1874 年，奥斯勒（Osler）首次观察到血小板伪足的形成。1878 年，赫姆（Hayem）确认血小板是血液中的新成分，并注意到血小板在血块形成和回缩中的作用，但当时他认为血小板是红细胞的一种。

直到 1882 年，意大利科学家比佐泽罗进一步确定了作为功能和结构整体的血小板，他认真研究后发现，在损伤血管内表面血栓形成的最初阶段是由黏附和聚集的血小板组成的。

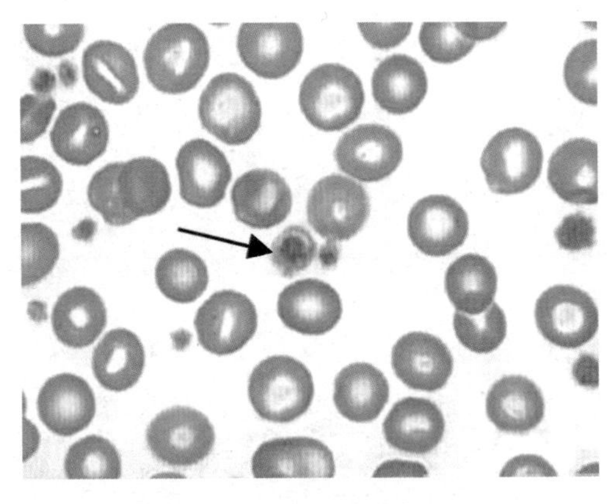

图 1–2 血小板（箭头所示）

血小板的形状像一个圆形的盘子，直径 1 ~ 4 微米到 7 ~ 8 微米不等，而且个体差异很大（5 ~ 12 立方微米）。由于血小板具有特殊的本领，能够运动和变形，所以用一般方法观察时它会表现为多种形态。血小板是没有细胞核的细胞，但是有细胞器，此外，它的内部还有散在分布的颗粒成分。

三、血小板是从哪里来的

虽然早在 1869 年科学家就详细描述了巨核细胞的形态，但是人们并不清楚血小板是从哪里来的。直到1906年科学家发现血小板颗粒和成熟巨核细胞质中的嗜天青颗粒外观相同，从而将二者联系起来。他观察到巨核细胞细胞质形成伪足伸入骨髓窦并与细胞体分开，断言血小板的形成是由于巨核细胞细胞质的破裂。此后，许多研究都证实了血小板来源于骨髓巨核细胞（图1-3）。

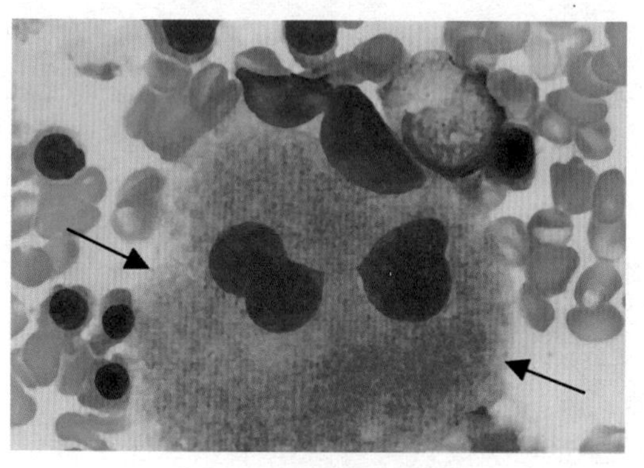

图1-3　产血小板的巨核细胞（箭头所示）

骨髓的巨核细胞是骨髓中最大的细胞，它是一种多倍体细胞，数量很少，仅占骨髓有核细胞的0.05%，由于取材方法不同，这一数值在不同作者的报告中并不一致，一般认为用骨髓涂片法来计算巨核细胞的数量是不准确的，这可能由于在制备涂片过程中，体积较大的巨核细胞被推到边缘所致。用骨髓切片或活体组织检查可以得到比较可靠的数值。通过造血干细胞体外培养等方面的研究，不仅确定骨髓巨核细胞来源于多能干细胞，而且对巨核细胞的分化、调节和释放血小板等也有了进一步的了解。

四、血小板有用吗

不要看血小板的体积很小，其实它的功能是非常重要的，并且是其他细胞无法替代的。在日常生活和工作中，当我们不小心被尖锐锋利的物体划破皮肤而流血，只要按住伤口，过一会儿，血就会止住了，这是因为有血小板的存在。你知道血为什么不流了吗？因为人体在发生局部受损时，会立刻紧急发出信号，

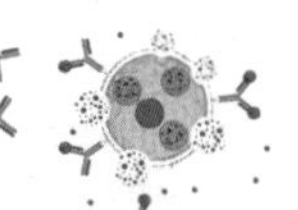

将大量血小板聚集到一起，释放一些凝血相关的因子和酶，把血止住。

血小板像一个泥瓦匠一样，能够修补破损的血管，从而达到凝血和止血的目的。血小板的表面有一种糖衣，能够吸附血浆蛋白和凝血因子Ⅲ，血小板颗粒内含有与凝血有关的物质。当血管受损害或破裂时，血小板受到刺激，随即发生变形，表面黏度增大，凝聚成团；同时在表面第Ⅲ因子的作用下，使血浆内的凝血酶原变为凝血酶，后者又催化纤维蛋白原变成丝状的纤维蛋白，与血细胞共同形成凝血块从而止血(图1-4)。血小板颗粒物质的释放，则进一步促进止血和凝血。血小板还有保护血管内皮、参与内皮修复、防止动脉粥样硬化的作用。

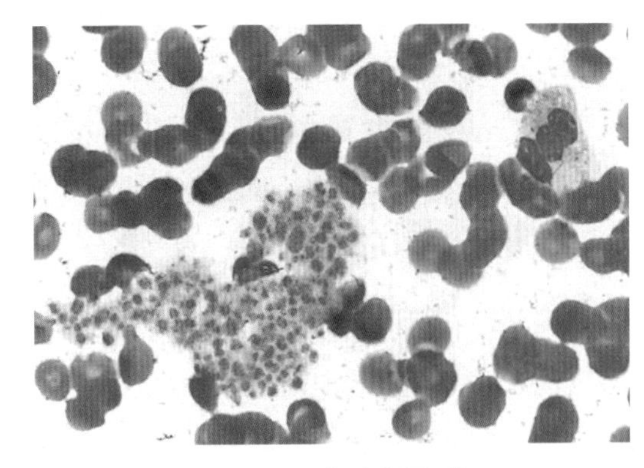

图 1-4　血小板聚集

五、没有血小板我们会怎么样

临床上有一种疾病，叫作血小板减少症，就是人体内的血小板数量比正常生理情况要低很多，一般有以下 3 个方面的原因（图 1-5）。

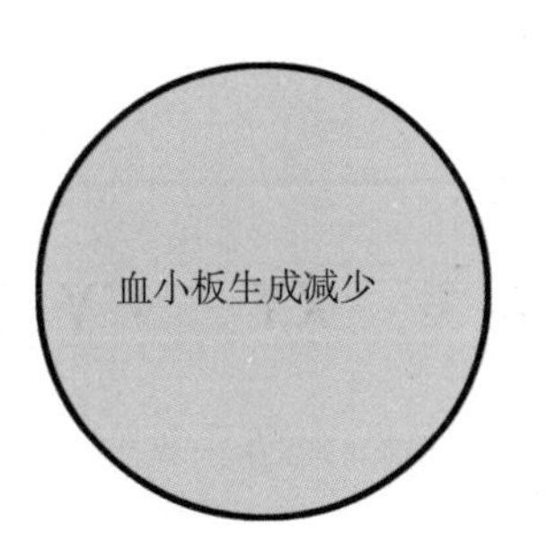

图 1-5　血小板减少的原因

当血小板减少的时候，由于血小板的数量降低，导致血液凝血的过程变长、血管的通透性发生异常，从而容易导致人体出血后无法停止，严重的时候人体的皮下组织、皮肤黏膜、内脏器官或者其他组织出血，称为血小板减少性紫癜。长时间的出血会引起贫血，如果不及时治疗，会危及人的生命。

六、血小板与可怕的血友病有关吗

血友病是一种遗传性疾病，是人体凝血活酶生成障碍引起的出血性疾病，主要是两种凝血因子（Ⅷ和Ⅸ）缺乏导致的出血（图 1–6）。血小板减少是与免疫相关的血小板过度破坏导致的出血性疾病。止血机制有 3 种，血小板与凝血分属于两种不同的机制，共同作用于止血，其病理机制是完全不同的。

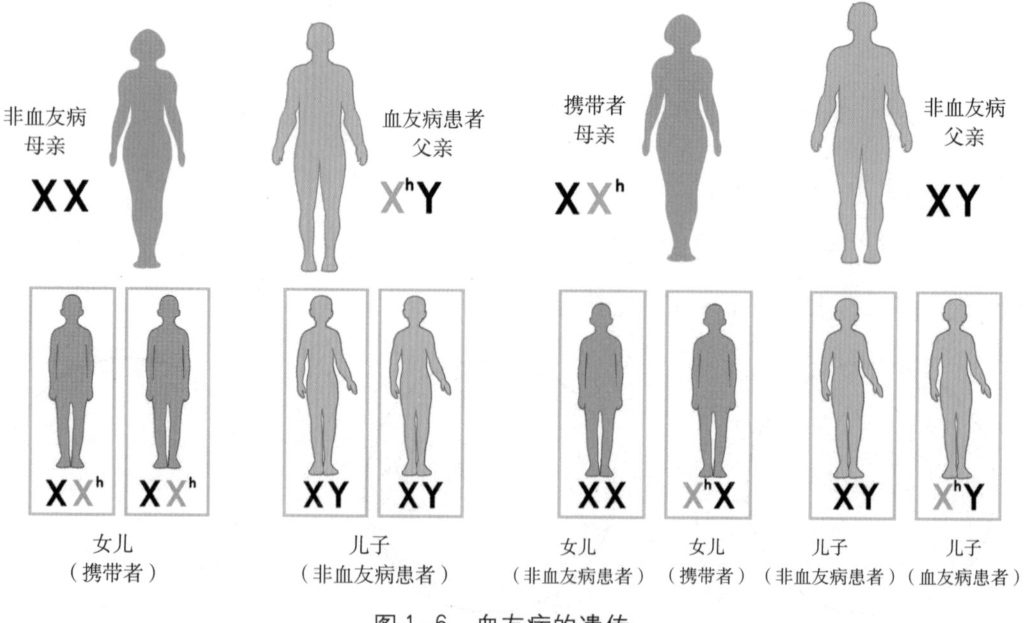

图 1–6　血友病的遗传

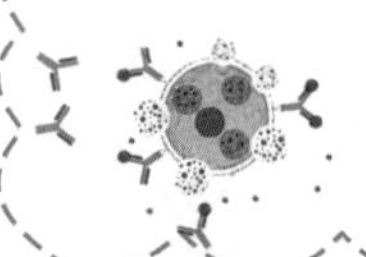

血友病的原意是“嗜血的病”。血友病患者经常发生严重出血，必须靠紧急输血才能挽救生命,是一种“以血为友”的疾病。

在19世纪，英国王室成员出现了血友病，并蔓延到了欧洲各王室家族。历史上最著名的血友病携带者是英国女王维多利亚,这位女王有着欧洲祖母之称，她一共生育了9个子女：老大、老三、老五、老六、老九是女儿，老二、老四、老七、老八是儿子。三女儿海伦娜、九女儿比阿特丽斯是血友病携带者；小儿子利奥波特也是血友病携带者。

小儿子利奥波特在爱尔兰，他的外孙中有一人是血友病患者。

三女儿海伦娜嫁给德意志帝国黑森大公爵路易斯二世的孙子，将血友病带入了黑森家族，致使她的女儿艾琳也成为血友病携带者。艾琳的丈夫是维多利亚大女儿与德国皇帝的儿子，把血友病基因带到普鲁士家族中。海伦娜还有一个女儿爱丽克丝也是携带者，她嫁给俄国沙皇尼古拉二世，致使沙皇儿子也有血友病。

排行第九的比阿特丽斯与黑森大公爵路易斯二世的另一孙子结婚，生下的女儿叫维克多利亚,也是血友病携带者。维克多利亚后来嫁给了西班牙国王阿方索十三世，由此将血友病基因也带入了西班牙王室。

而今英国女王伊丽莎白二世是维多利亚之子爱德华的后裔。爱德华不是血友病携带者，因此他的后代中也不会有血友病。伊丽莎白二世的丈夫菲利普却是艾丽丝的大女儿的子孙，大女儿不是携带者，所以现在的英国王室已没有血友病了。

实际上血友病的这种遗传性质早就为人所知晓。血友病是从母亲传递给她的某些子女的，法律甚至规定说：凡有两个男性婴儿死于出血过多的母亲，不得参加“割礼”仪式。1820年，德国医生纳赛对血友病进行了观察，立了一条所谓“纳赛定则”：血友病仅出现于男性，但由女性所传递。还有奥托医生也指出了血友病是一种家族性的疾病，男性是疾病之体，女性不是，但却是通过女性才传给她们的子女的。

第二章
永不停止的士兵——心肌细胞

当遇到悲伤的事情，我们会说：“心好痛，心碎了。”当遇到喜欢的人时，我们会说：“我心动了。”心是如此重要，生活中的情感变化都能够与心紧密联系在一起。

心是什么？心都有哪些细胞？每个细胞有什么功能？心为什么会不停地跳动？

这些问题都需要我们去寻找答案，除了满足我们的好奇心，也可以更多地了解心。我们要爱护自己的心，不良的饮食习惯、不规律的作息都会影响心的正常工作。心脏病已经成为人们的常见病和多发病，还有一些刚出生的孩子患上先天性心脏病，这会影响他的一生，让他无法从事剧烈的体育运动和繁重的体力劳动。

一、心为什么会不停地跳动

人只要活着，心就会永远不停地跳动。心为什么会不停地跳动呢？这个问题在古代是无法找到答案的，但是现在随着科学的不断发展，我们终于揭开了这个谜底。

当我们把手放在胸口，能够明显感觉到心在不停地、砰砰地跳动着。心能够把血液不停地挤压到血管中，心收缩的时候从心的一端（心室）挤出血液，随后心舒张，从另一端（心房）吸进血液。心的一次收缩与一次舒张，就是人们常说的心的一次跳动。心不断地进行收缩与舒张，血液也就源源不断地运行于身体各个部分。心的跳动能够为身体各个器官获得正常的养分。同时，大量血液不断流经心的时候，心本身也获取了充足的营养。因为心一直有着充足的养料，心本身又能充分地进行“消化”与“吸收”，因此才显得强壮而且有力，不容易疲劳，可以永不停息地跳动。

心是由心房和心室组成的（图 2–1），心房与心室都能收缩与舒张，但是所用的时间不一样。当一个人的心率为 75 次 / 分，心脏每跳动一次要用 0.8 秒的时间。在这 0.8 秒里，心房收缩仅花去了 0.1 秒，舒张的时间为 0.7 秒；心室收缩只需要 0.3 秒，舒张时间为 0.5 秒。这里面的舒张其实是放松，放松就相当于休息。所以，看起来心似乎不停地在工作，但是实际上它的大部分时间都处于静止的状态。心房休息的时间比心室休息的时间还要更久一些。当人进入睡眠时，心的跳动次数由 70 次 / 分减为 55 次 / 分，它的休息时间就更多了。

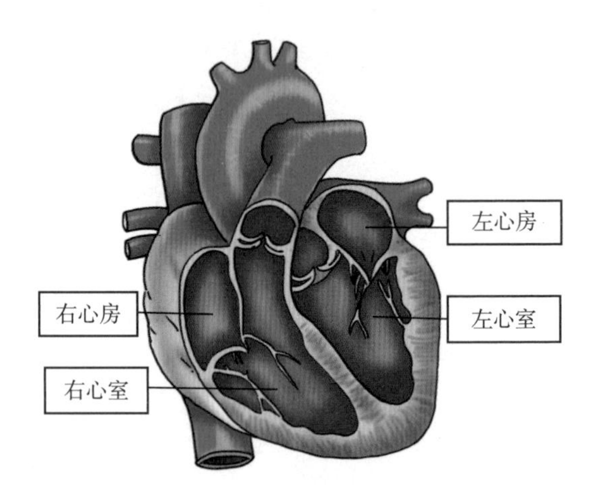

图 2–1　心的解剖图

心由心肌构成，心肌具有自动、有

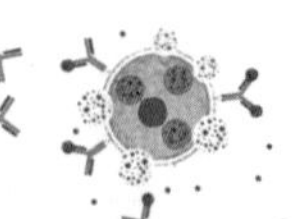

节律地收缩的特性。构成心的心肌有两种。一种是具有收缩功能的普通心肌，占绝大部分。这种心肌细胞都具有完整的细胞膜，有互相吻合的分支和闰盘，每个细胞的细胞质互不相通。但是，心房和心室的活动像是一个大细胞，一个细胞的兴奋性能及时传给其他相邻的细胞，使心脏功能具有整体性。另一种是能够产生兴奋和传导功能的特殊心肌细胞，占少数部分，构成心肌的传导系统。如窦房结、房室结、结间束、房室束，控制整个心脏的活动。

心肌细胞有兴奋性、传导性、收缩性和自律性。特别是它的自律性（每经过一段时间间隔自动产生兴奋的能力），能保持心肌自主活动。心有自主性双重神经调节功能，不受大脑意识控制。在清醒与睡眠、安静与运动、健康与疾病中，始终受着神经调节，保证心脏搏动。控制心的有迷走神经和交感神经。迷走神经分布于窦房结、心房、房室结、房室束，有心抑制作用，具体作用为减慢心率、使心搏力减弱、病理下引起房室传导阻滞。交感神经分布于窦房结、心房结、房室结和心室肌，其神经末梢会释放一种很厉害的激素，叫作去甲肾上腺素，作用于心肌细胞的 β 受体，有加强作用，加速心率、使心搏力加强、缩短房室传导时间。由此可见，迷走神经和交感神经的交互抑制与加强，保证了心活动更准确、有效地调节心脏的正常搏动。

人的心像一个发动机，只要生命不息，它就每时每刻跳动不止。一个成年人 24 小时心跳一般在 15 万次以上，按 70 岁计算，人一生中心脏跳动 35 亿次以上。

那么，心为什么能不停地跳动呢？原来心中有一小部分神奇的特殊心肌细胞，它们能够按照自身固有的频率发出冲动，并沿着这些特殊心肌所形成的“电线”（传导束），像电流一样把冲动传导给普通心肌细胞，使之产生收缩和舒张，完成整个心跳动作。这便是前面讲的“电路”。心的“电路”就是心脏的传导系统，窦房结是心传导系统的起点和指挥部，它较快的节律牢牢控制着整个心脏，通过传导而带动整个心的跳动。

在心房内，心房与心室交界区和心室内也有一些小的脉冲发生器，只是其频率逐级降低，常被窦房结控、制掩盖而在正常情况下不发挥作用。由此可见，心的“电路”即传导系统保证了心不间断地跳动。当然，心跳的快慢仍然受大脑、周围神经以及血液中某些物质的调节，如当一个人情绪激动或害羞以及遇到惊吓的时候，心跳便会加快，而睡觉的时候心跳便会减慢。

如果这种调节失去平衡，人就会患各种各样的称为心律失常的疾病。

二、心肌细胞有哪些离子通道

心肌细胞包括工作细胞和自律细胞，自律细胞又分为快反应细胞和慢反应细胞（图 2-2）。

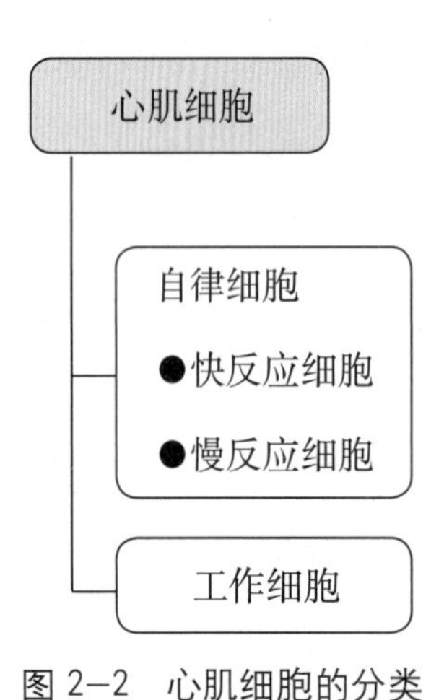

图 2-2 心肌细胞的分类

活的心肌细胞不停地跳动，需要进行新陈代谢，把代谢的废物与所需的氧气和养料进行交换，而细胞膜上的离子通道就是进行物质交换的重要途径。现在我们已经知道，多数对生命具有重要意义的物质都是水溶性的，如各种离子、糖类等，它们需要进入细胞，而生命活动中产生的水溶性废物也要离开细胞，它们出入的通道就是细胞膜上的离子通道。

心肌细胞就像我们居住的房子一样，离子通道是房子的门，能够让离子通过从而流进、流出心肌细胞。离子通道由细胞产生的特殊蛋白质构成，它们聚集起来并镶嵌在细胞膜上，中间形成水分子占据的孔隙，这些孔隙就是水溶性物质快速进出细胞的通道。离子通道的活性，就是细胞通过离子通道的开放和关

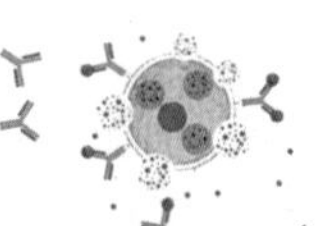

闭调节相应物质进出细胞速度的能力，对实现细胞各种功能具有重要意义。

1991 年的诺贝尔生理学或医学奖获得者是德国科学家埃尔温·内尔（Erwin Neher，1944— ）和伯尔特·萨克曼（Bert Sakmann，1942— ）（图 2–3），因为发现细胞内离子通道并开创膜片钳技术而获得。

图 2–3 埃尔温·内尔和伯尔特·萨克曼

埃尔温·内尔是德国的生物物理学专家，1944 年 3 月 20 日出生于德国的巴伐利亚州的兰茨贝格，1963—1966 年于慕尼黑大学学习物理学，1966 年赴美进修，1 年后获得威斯康辛大学生物物理学硕士学位。1970 年获得慕尼黑工业大学物理学博士学位，毕业后进入德国著名的马克斯·普朗克研究所工作。

伯尔特·萨克曼是德国的细胞生理学家，1942 年 6 月 12 日出生于德国的斯图加特，1967 年就读于蒂宾根大学医学院，1968 年在慕尼黑大学工作，同时作为科学助理在著名的马克斯·普朗克研究所工作。1974 年开始，他与埃尔温·内尔进行了长达 16 年的合作。

1980 年埃尔温·内尔和伯尔特·萨克曼合作发明了膜片钳技术，这种技术是广泛应用于细胞生物学和神经科学研究的方法，可以检测到通过细胞膜的一万亿分之一安培的电流。他们一起最终确立了细胞膜上离子通道的存在，离子通道是能够特异性地允许阳离子或者阴离子通过的细胞膜结构。他们研究了多种细胞功能，研究发现离子通道在糖尿病和心血管疾病等的治疗上都能发挥重要的作用。这些重要的发现为研制新型的特异性的药物提供了帮助。

心肌细胞膜上主要的离子通道有钾通道、钠通道、钙通道和氯通道等。心肌细胞的动作电位就是经离子通道的离子流动所形成的。钠离子和钙离子向心肌细胞内向流动，钾离子向心肌细胞外向流动（图 2–4）。

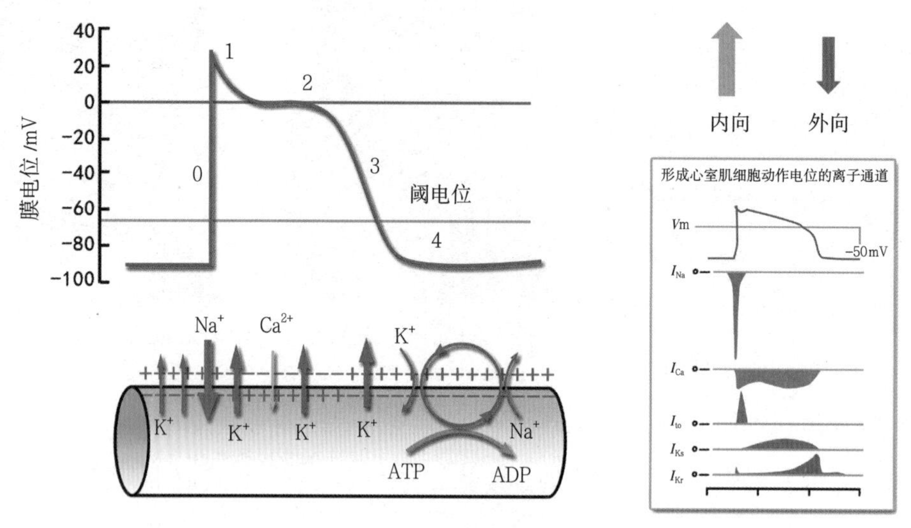

图 2–4　心肌细胞的动作电位

三、如何增强心的功能

当两个健康人，年龄与身高都一样，只是一个体重正常，另一个超重，他们一起跑 400 米。跑完后，体重超重的人心跳要比体重正常的人快很多。因为超重的人在运动的过程中，人体所需要的氧气更多，而正常跳动的心脏所提供的氧气不足以供应跑步的需要，因此心脏不得不加快跳动，提高心跳的频率，增加心脏挤压的次数，为运动状态提供更多的氧气。超重的人所需要的氧气更多，心脏的负担更重，如果要增强心脏功能，就要减轻体重。

一个人只有养成良好的生活习惯，不抽烟、不喝酒、合理饮食、适量运动锻炼，才能够增强心的功能。

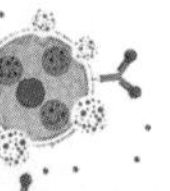

烟草中的有害物质能使心跳加快，心脏的耗氧量增加，严重时会引起血管痉挛。长期抽烟对心脏功能会产生不好的作用。科学研究证实，酒中的乙醇对心脏有害，过度饮酒会降低心肌的收缩功能，加重心脏的负担，甚至导致心律失常。

适当的体育锻炼，可以提高身体的抵抗力，有益于增进血液循环，增强心脏功能。我们要养成健康的生活习惯，生活有规律，心情愉快，避免情绪激动和过度劳累。

四、心肌细胞之间是如何联系的

心肌细胞中的自律细胞，是一些特殊分化的心肌细胞，组成心脏的特殊传导系统。其中主要包括 P 细胞和浦肯野细胞，它们除了具有兴奋性和传导性之外，还具有自动产生节律性和兴奋的能力，几乎没有收缩功能。在结区还有一种细胞，没有收缩功能和自律性，只有很低的传导性，是传导系统中的非自律细胞，特殊传导系统是心脏内产生兴奋和传导兴奋的组织，起着控制心脏节律性活动的作用。

心肌细胞相互连接处特化为闰盘（图 2–5），主要由粘连膜、桥粒和缝隙连接组成。缝隙连接中有 1 ~ 2 微米的孔洞，称为连接膜通道，能够容许离子和小分子的物质自由通过，兴奋能够以电偶联的形式传递，因此心肌是一个功能合胞体。缺氧、缺血、代谢抑制或洋地黄类药物中毒时，心肌细胞内游离钙离子浓度增加或 pH 值降低，使连接膜通道通透性降低，引起心脏兴奋传导速度减慢，导致心律失常。

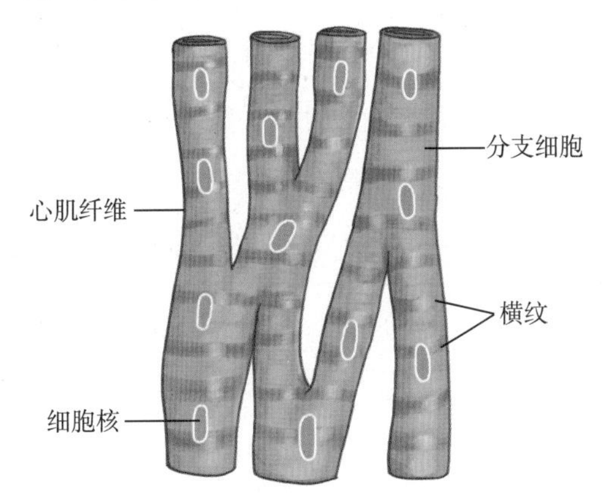

图 2–5　闰盘的结构

心肌细胞之间闰盘电阻很低，便于心电的传导，可通过缝隙连接，将局部的电流直接传给相邻细胞，导致整个心脏的兴奋，这一特征称为传导性。心脏的特殊传导系统包括窦房结、结间束、房室结、房室束和浦肯野纤维。

兴奋在心脏的不同部位传导速度是不同的，心房肌和心室肌传导速度更快，左右心房几乎同时收缩。而兴奋在房室交界处的传导速度较慢，约需 0.1 秒。

五、如何发现得了心脏病

心脏病或心肌梗死是老年人的头号杀手。大多数死于心脏病发作的原因是心室纤维性颤动，到达急诊室的时候已经为时已晚。因此老年人了解心脏病的早期征兆至关重要。

胸部疼痛是心脏病发作的典型症状，心脏病引起的胸部疼痛表现为一种压力似的疼痛，开始在胸部的中心。疼痛或不适通常持续超过几分钟，有可能消失，然后返回。还可能映射到背部、头部和颈部。男性和女性胸痛考虑心脏病，但是女性比男性更可能出现其他的一些症状，如恶心、下巴疼痛、呼吸急促等。

出汗也是心脏病发作的前兆，通常是不明原因的一身冷汗。手臂疼痛，更常见的是左臂。心脏病还可以传播到胸痛，两只手臂和肩膀疼痛这种情况经常发生，疼痛感可能会延伸到手腕和手指，于身体的左侧更为常见。上背部疼痛是另一种常见的情况。全身无来由的不适感就可能伴随着心脏病发作，有疲劳甚至头晕，或者晕倒的症状，也有人会有心慌感，这些都是心脏病的先兆。

第三章
人体的因特网——神经细胞

人体就像一个作战部队，体内的细胞种类繁多、各司其职，它们需要统一接受大脑的控制，协调完成各种生命活动。那么人的大脑是如何感知外界的生存环境变化与人体内部生理功能的？又是如何下达命令给其他细胞的呢？

在人体内，神经细胞就像因特网一样，把大脑和终端的细胞联系在一起。神经细胞有长长的轴突，能够进行活动的传递和营养物质的运输，神经传导速度非常快，能够及时适应环境的变化，将外界的信息传递给大脑，大脑根据这些信息进行判断，然后快速下达指令，身体再进行相应的行为和活动。

神经细胞与很多生理现象有关联，比如疼痛与痒。神经细胞损伤会导致各种疾病，例如阿尔茨海默病、帕金森病、抑郁症、躁狂症。神经细胞非常重要，希望通过本章的介绍，能使读者更加全面地了解神经细胞。

一、神经细胞是如何被发现的

1906年，卡米洛·高尔基和圣地亚哥·拉蒙·卡哈尔一起获得了诺贝尔生理学或医学奖。

图3–1 卡米洛·高尔基

卡米洛·高尔基（Camillo Golgi，1843—1926年）（图3–1），意大利人，杰出的神经解剖学家、神经组织学家和病理学家。他所创立的硝酸银染色法，使神经纤维可视化，为研究中枢神经系统开辟了广阔的道路。同时，他也是现代生物科学的基础理论神经元学说的创立者。

圣地亚哥·拉蒙·卡哈尔（Santiago Ramony Cajal，1852—1934年）（图3–2），西班牙人，杰出的病理学家、神经学家和组织学家。卡哈尔改良了硝酸银染色法，进一步观察到了神经元完整的突起，并对神经系统的结构进行了一系列研究。

图3–2 卡哈尔和他的试验室

有趣的是，虽然他们的研究方法来源相同，但是他们对神经系统的结构却持有完全不同的观点。在颁奖仪式上，他们仍然坚持将学术争论进行到底：高尔基支持“网状理论”，认为神经系统

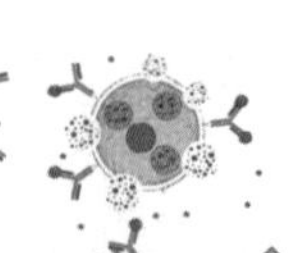

是一个连续的网状结构，不同神经细胞的突起相互融合成网状。卡哈尔则提出“神经元学说”，认为神经元是独立的单位，神经细胞突起互相并不融合，但可以通过特殊的结构（后来被命名为“突触”）进行信号传递。

现在，已经知道卡哈尔的“神经元学说”才是最后的胜利者。高尔基最先发明了硝酸银染色法，拥有更好的试验室，比卡哈尔多研究了十几年，为什么却在这场激烈的学术争论中输给了卡哈尔呢？

1852 年，卡哈尔出生于西班牙。他的父亲是一名医生，受父亲的影响，卡哈尔选择了学习医学。1873 年，卡哈尔从萨拉戈萨大学医学院毕业，成为一名军医。

当卡哈尔刚开始从事医学研究时，高尔基已经发明了硝酸银染色法。在高尔基发明这种染色方法之前，科学家只能通过将组织染色在显微镜下观察其结构，但无法观察神经组织的结构。高尔基首次采用铬酸盐－硝酸银法，把神经纤维染成了黑色，使其在半透明的黄色背景下可见。

虽然使用该方法只能看见少数神经元，且不稳定和可重复性差，但这是人们第一次清晰地观察到神经纤维（图 3–3）。由于高尔基没有观察到神经元间隙，他认为神经纤维彼此融合成网，这能很好地解释为什么功能复杂的神经系统能快速产生灵活、协调的反应。

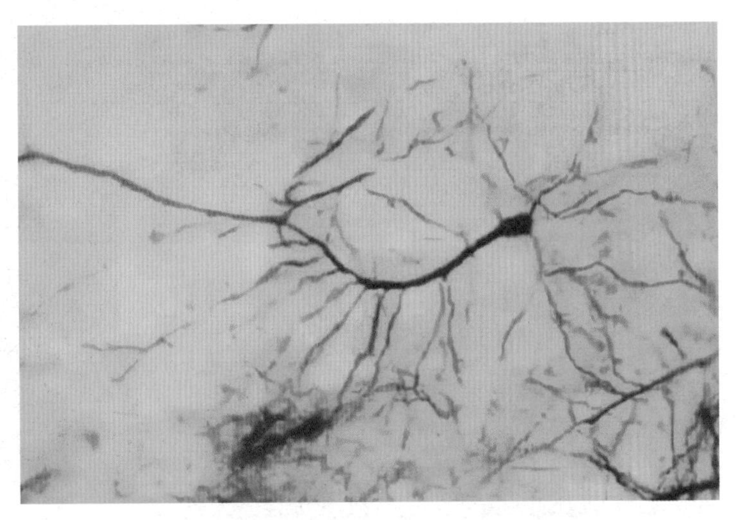

图 3–3　高尔基染色法显示的神经组织

1875 年，卡哈尔结束军旅生涯回到西班牙，成为萨拉戈萨大学医学院解剖学系助理教授，开始了学术研究。值得一提的是，卡哈尔在马德里访问了一位教授，偶然接触到使用单眼显微镜观察的组织学切片，随后他在自己家中也设立一个小型组织学试验室。

在此期间，有科学家观察了不同发育时间点的神经纤维，认为神经细胞并不融合，并且它们可以在没有紧密连接的情况下传递信号。还有科学家发现运动神经与肌纤维不是直接连接，由此推测中枢神经系统中的神经细胞可能不需要彼此连接。这是历史上质疑“网状理论”的第一声。

1887 年，卡哈尔访问了来自瓦伦西亚的一位神经精神病学家，接触到“高尔基染色法”。随后，他也开始尝试用高尔基染色法制备神经组织。卡哈尔发现这种方法在探索神经系统结构方面具有巨大的潜力。针对高尔基染色法可重复性差的缺点，卡哈尔用“双重浸渍”进行了改良，并做了其他一些微小而有效的改变，建立了还原硝酸银染色法。

最终，他在小鸟和哺乳动物脑中观察到包括整个轴突的完整神经元及其突起之间的间隙。此外，他还采用其他染色方法，如“欧利希（Ehrlich）染色法”等进行了重复验证。

1888 年，卡哈尔基于改良“高尔基染色法”和随后尝试的“欧利希染色法”的染色结果，大胆质疑“网状理论”，提出神经细胞互相独立的观点。

随后的几年里，卡哈尔对神经系统的结构进行了大量研究（图 3–4）。他发现了树突棘、生长锥等，建立了动态极化理论，并对神经可塑性、神经变性和再生等做了相关论述，研究涉猎极广。其中，“网

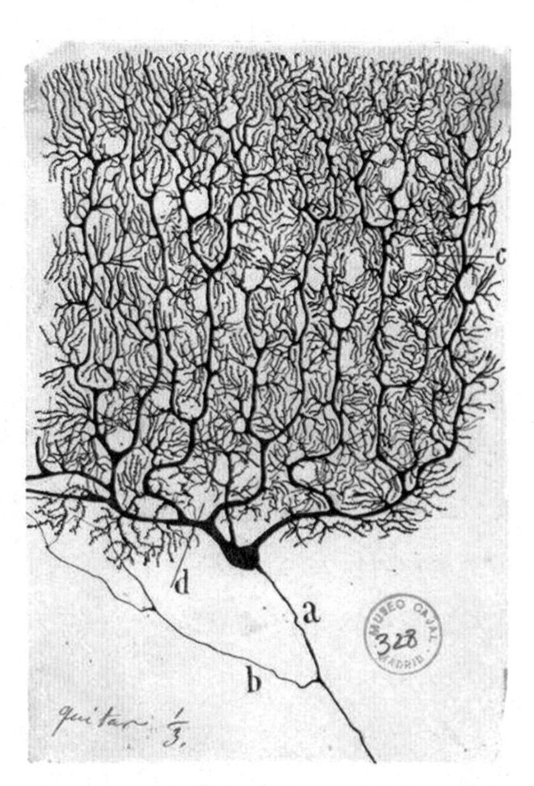

图 3–4　卡哈尔手稿：小脑浦肯野纤维

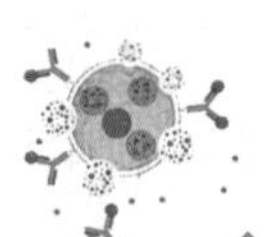

状理论”和“神经元学说”的争论并不是卡哈尔与当时神经科学界的唯一争论，卡哈尔认为树突棘（图 3-5）真实存在的观点同样被学界质疑。

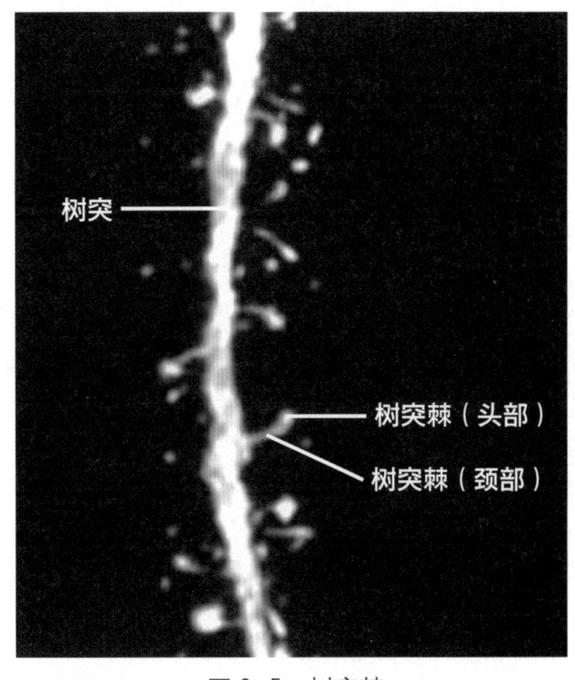

图 3-5　树突棘

1888 年，卡哈尔在质疑“网状理论”的同时，也提出了神经元存在树突棘的观点。事实上，他并不是第一个观察到树突棘的人，未经改良的高尔基染色法就能显示神经细胞树突周围这些“颗粒状的黑点”，然而包括高尔基本人在内的多数人将其视为染色产生的杂质，认为神经元表面是光滑的。毕竟，在高尔基染色法十分不稳定的情况下，将神经细胞周围这些看起来不相连的黑点视为不相干的杂质非常合理。

在 1894 年的文献中，卡哈尔推测树突棘能接受轴突传来的信号，在树突和轴突的信号传递中起重要作用。至此，卡哈尔为神经元学说画上了重要的最后一环。但是，卡哈尔在世时树突棘的存在并没有得到广泛承认。一些伟大的发现常常要等科学家去世后，才会被后人所证实，并重视。

神经元学说和树突棘的争论真正尘埃落定是在 20 世纪中期电子显微镜的发明之后。借用电子显微镜，科学家们根据对神经元及其树突棘、突触的超微观察，直接证明了卡哈尔是正确的。由于其大量的开创性研究成果为现代神经科学奠定了基础，卡哈尔被誉为“现代神经科学之父”。

二、为什么人能记住很多事情

人的一辈子很长，会认识很多人，能记住很多事情。

但是人为什么能记住那么多事情呢？那是因为人类大脑是一个由约 140 亿个神经元组成的繁复的神经网络，有非常多的神经细胞，每个神经细胞都具有记忆功能，对于一样东西或者一件事，要记住它，需要很多这样的神经细胞协同记忆，单个神经细胞记忆量是有限的，很多神经细胞联合起来的记忆量就很大，所以能记住很多事情。人每天听到或者看到的事情都会变成一种信号，对大脑的神经细胞产生刺激，在大脑中留下信号，刺激越强烈，大脑里留下的信号就越深刻，大脑就这样把事情记住了。就像我们学习语文一样，不停地背诵一篇古文，背的次数越多，对大脑中的神经元产生的刺激就越强烈，记忆得就更加牢固。

在日常生活中，我们都有过这样的体验：小时候的玩伴虽然多年未见，分隔两地，但是见面后仍然记忆犹新，好多童年的趣事历历在目，而最近工作中新认识的人，却会很快忘记。为什么儿时的记忆可以保持很多年，而有些近期的记忆却会那么快遗忘呢？科学家的一项研究给出了新的见解：记忆稳定持久与参与的神经元数量有关，参与记忆的神经元数量越多，形成的记忆就会越持久。

《科学》杂志上介绍了相关研究成果，要形成强大持久的记忆，需要神经元“团队”协同工作，对信息进行编码，同步活动的神经元数量越多，记忆就越稳定持久。在存储于各神经元中的信息相对不稳定的情况下，同步活动的神经元网络能够提供保障，保持这些信息的持续存在，即使一些原始神经元受损，神经元“团队”协作的成果——记忆，仍不会被遗忘。

这就像一个人有一个漫长而复杂的故事，为了保存这个故事，他可以告诉多个朋友，然后大家偶尔会聚在一起重新讲述故事，互相帮助填补一些忘却的细节。同时，他们还可以不断扩大听故事的朋友圈，来帮助保存故事并加强记忆。神经元就是以类

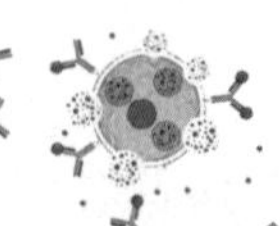

似的方式，互相帮助，编码持续存在的记忆。

你知道大脑中的海马吗？这是一个与记忆密切相关的大脑结构，因其形状像海马而得名，它负责将人们新的经历转化为长期的记忆。

人脑的记忆分为 3 种，即瞬时记忆、短时记忆和长久记忆。

与记忆最相关的就是大脑中的海马（图 3–6），它是大脑皮质中一个长仅几厘米、环形结构的内褶区，并与大脑其他部分紧密相连。由于海马受到损伤的患者常常出现严重的记忆问题，因此自 20 世纪 50 年代以来，科学家们就将记忆研究的焦点集中到海马上。

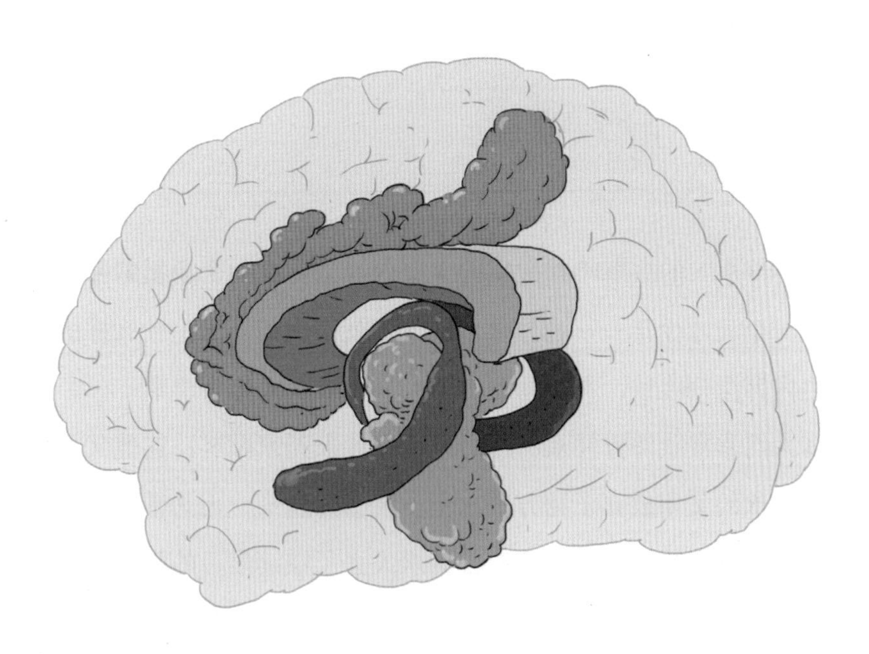

图 3–6　海马结构

海马主要负责记忆和学习，日常生活中的短期记忆都储存在海马中。如果一个记忆片段，比如一个人的名字或者一个人的照片在短期内被重复提及，海马就会将其转存入大脑皮质，成为永久记忆。海马主要负责人类正在接触、已接触时间不长的主要记忆，类似电脑的内存，将人在短期内的记忆暂时保存，以便随时应用。

海马在记忆的过程中，类似一个地铁的中转站。当大脑皮质中的神经元接收到各种信息时，它们会把信息传递给海马。只有海马做出反应后，神经元才会形成持久的网络。如果海马没有做出反应，那么大脑接收到的信息就会自动消失。

海马和大脑皮质的信息如果一段时间没有被使用的话，就会被清除。有些人的海马受伤后就会出现失去部分或全部记忆的状况，这完全取决于受伤害的严重程度，也就是海马是部分失去作用还是彻底失去作用。

简单来说，经常使用的记忆会分门别类地保存到长期记忆中，而很少使用的便会定期清除。这也导致大脑对很久的记忆还有印象，而有些记忆却从来没有印象。

三、如何增强大脑的可塑性

你听过“伤仲永”的故事吗？故事的大概内容是：在一个祖祖辈辈都是种田人的家族里，出了一个天才少年——方仲永。他 5 岁就能作诗，无论什么样的题目都能出口成章，而且内容深刻雅致，文采绚丽多姿，一时被乡人传为奇事。

县里的富人们非常欣赏方仲永，纷纷邀请方仲永到家做客，连他父亲的地位也提高了。于是方仲永的父亲放弃了让方仲永上学读书的念头，天天带着他轮流拜访那些富人，来博得他们的称赞和奖励。这样方仲永失去了继续学习的机会，作诗的水平每况愈下。到十二三岁时，他的才能衰退，大不如前。到 20 岁时，他已经和一个普通人没有什么区别了。

为什么方仲永最后会“泯然众人矣”？那是因为智力发展与后天的教育关系密切。这就是大脑的可塑性。

大脑的可塑性是指大脑可以通过环境和经验的作用，进而塑造大脑结构和功能的能力，分为结构可塑性和功能可塑性。

大脑的结构可塑性是指大脑内部的突触、神经元之间的连接可以由于学习和经验

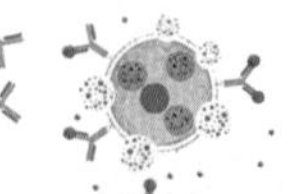

的影响建立新的连接，从而影响个体的行为。它包括突触可塑性和神经元可塑性。

大脑的功能可塑性可以理解为通过学习和训练，大脑某一区的功能可以由邻近的脑区代替，也表现为脑损伤患者在经过学习、训练后脑功能在一定程度上的恢复。

最开始发现大脑具有可塑性就是源于脑损伤的研究。在经过学习和训练之后，受损伤的大脑所代表的功能可以部分得到恢复，其原因是受损的脑区部分得到恢复，或者是由邻近的脑区代替了受损脑区的功能。

神经可塑性指的是神经连接（图 3–7）生成和修改的能力。我们的大脑终身都保有神经可塑性。神经可塑性体现在大脑被外界刺激影响而随时修改上。当你长期练习某一种大脑功能，就可以让负责这个功能的脑区的神经连接生成和巩固。但是只要你偶尔偷懒，不持续地练习，大脑中刚刚建立起来的神经网络的巩固过程就会罢工，变得日渐虚弱，一些微弱的神经连接甚至会被修剪掉。这个神经连接生成、巩固和修剪的过程就是学习的过程，而大脑神经可塑性决定了学习的能力。

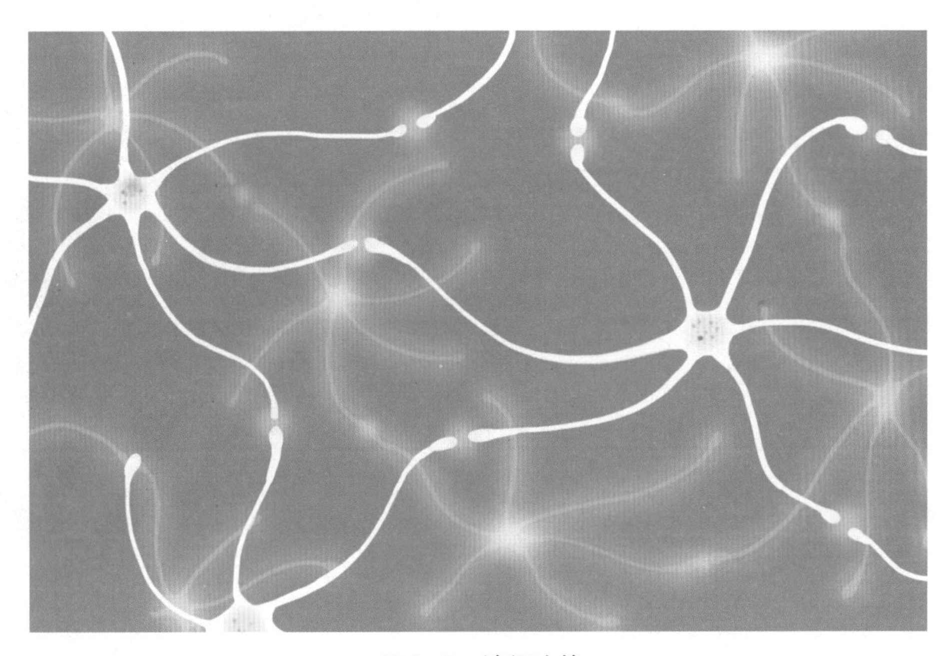

图 3–7　神经连接

随着科学技术的快速发展，人们只有不断地学习和提升自己，才能适应社会的需求。大脑的可塑性与年龄有很大关系，人的体力、智力、理解能力发展的高峰是 20 ~ 30 岁，之后随着年龄的增长，各项能力都开始缓慢降低，导致了成年人接受新事物普遍困难。但是只要活到老学到老，不断强化大脑的可塑性，就会延缓记忆的遗忘。

四、如何减轻疼痛

在古希腊神话中，特洛伊人拉奥孔和他的两个儿子告密，希腊人为了报复他们，派了两条蟒蛇将他们杀死，艺术家将他们父子 3 人痛苦的表情进行了细致的刻画（图 3–8）。

图 3–8　拉奥孔和他的两个儿子

每个人都经历过疼痛，它是一种不愉快而又令人厌恶的感觉，可是人为什么还需要它呢？因为疼痛是在成长过程中逐渐形成的一种自我防御机制，它会警告，让人能保护自己的身体，以防止受到更多的伤害。

人类需要时刻接触周围的环境，人体每一秒都要接收大量的外界信号输入。如果

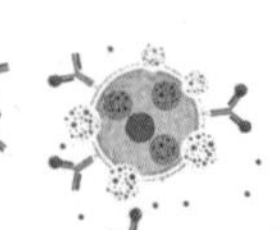

所有信号都能够传输到大脑皮质并形成感觉，我们的大脑会像电脑一样死机，无法正常运转。所以过滤了绝大多数的信号，以减轻大脑这个“CPU”的运行负担。但是自然界始终存在着危险，有些感觉信号是危险的预警，身体只有接收一定阈值以上的物理刺激才能激活相应感受器，然后形成特定感觉。当接收一个更高的阈值，就会激活伤害性感受器，这样强烈的刺激产生伤害性感受（即“急性痛”）可以让身体迅速了解危险处境并且做出相应反应。所以，有时疼痛并不一定是坏事，相反疼痛对于人和其他动物来说都是必需的。

笛卡尔的疼痛理论认为，当火烧到人的脚时，痛觉经由神经传入大脑，大脑再下达命令，指挥肌肉系统，缩回被火烧到的脚。

疼痛是什么？疼痛是象征危险的信号，能促使人们紧急行动，避险去害。人都经历过各种疼痛，如日常生活中不小心被开水烫伤的疼痛、不注意口腔卫生导致的牙痛、从高处跌落导致骨折的疼痛等。很多患者就是所患疾病引起了疼痛，才到医院进行诊治的。

我们如何才能减轻疼痛呢？现有的医疗手段，能够缓解疼痛的方式有镇痛药、传统的针灸止痛。轻微的疼痛，可以在家吃些止痛片缓解疼痛。运动损伤，可以使用疼痛贴膏。但是癌症痛的患者，他们受到长期疼痛的困扰，现有的药物无法提供长时间的止痛效果。临床常用的止痛药是作用于中枢神经系统的，由于副作用大，不能长期使用，以防成瘾性。

理想的缓解疼痛的止痛药，应是作用于外周神经系统的药物，只切断疼痛感觉的传入，不影响神经系统的其他功能。希望未来的医药科学家们能够解决这个难题！

五、什么是阿尔茨海默病

阿尔茨海默病，俗称老年性痴呆，这种疾病与遗传、性格孤僻或脑部损伤等因素有关，它是一种中枢神经系统退行性病变。老年性痴呆为何又称为阿尔茨海默病呢？因为是阿尔茨海默首次记录了老年性痴呆患者脑部的变化。

图 3–9　阿洛伊斯·阿尔茨海默

阿洛伊斯·阿尔茨海默（Alois Alzheimer，1864—1915 年）（图 3–9），德国精神科医师院病理学家。他的父亲是德国的一名公证人。1887 年，阿尔茨海默在维尔茨堡大学获得医学学位。第二年，他进入法兰克福市立精神病院开始医学工作。1901 年，阿尔茨海默在法兰克福市立精神病院观察了一位患者，这位 51 岁的患者有奇怪的行为症状，丧失了短时记忆。1906 年 4 月，这位患者去世，阿尔茨海默将病历和去世患者的大脑送往他工作的慕尼黑克雷佩林试验室。阿尔茨海默首次记录了阿尔茨海默病患者脑部的微观变化。他在患者的大脑中发现了老年斑和神经纤维缠结，二者可能与该病的发病密切相关。

得了阿尔茨海默病的人经常会有些行为异常的表现，会忘记日常生活中很熟悉的生活细节。比如一个老奶奶，经常给孙子做糖醋鱼，但是突然记不清楚要放糖还是放盐；说要洗衣服，却忘记把衣服放进洗衣机里，让洗衣机空转。阿尔茨海默病患者会随着时间的推移，症状越来越严重。

阿尔茨海默病患者最后会连自己都记不得。他们已经无法适应周围的生活环境，无法与人进行正常的交流。他们

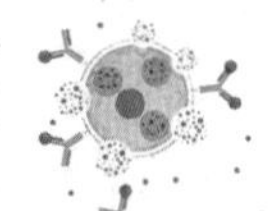

可能会反复说一些词语，但是周围的人却不知道他们要表达什么意思。他们什么都不认识了，就像这个世界上只有他自己一个人在孤独地生活。

2019 年，全世界大约有 5 000 万的阿尔茨海默病患者，而到 2050 年，估计这个数字将达到 1.5 亿。一个人生病，需要一个家庭的人来照顾，所以阿尔茨海默病给社会和患者家庭带来了沉重的负担。

从 1901 年第一位阿尔茨海默病患者的发现，到现在已经 120 多年了，但是真正能够治愈阿尔茨海默病的药物还没有研制成功。现在科技这么发达，为什么研制治愈这种疾病的药物这么困难呢？主要是因为很多药物都是针对动物而设计的，先在动物身上进行药物试验，包括小鼠、大鼠、狗、猩猩等。动物试验成功后才能进入临床试验，但能够进入到临床治疗疾病的药物很少，很多最后也失败了。许多国家开始调整策略，建立自己国家的人脑组织库，收集人类的脑组织样本，研究患有阿尔茨海默病患者与正常衰老人群的人脑组织的差异性，显得更加重要。中国也已经开始自己的脑计划研究，14 亿多人口中阿尔茨海默病患者的数量会越来越多，需要尽快找到治疗阿尔茨海默病的方法。这还需要很多科学家进行大量的研究，仍然是一个漫长而又艰难的过程。

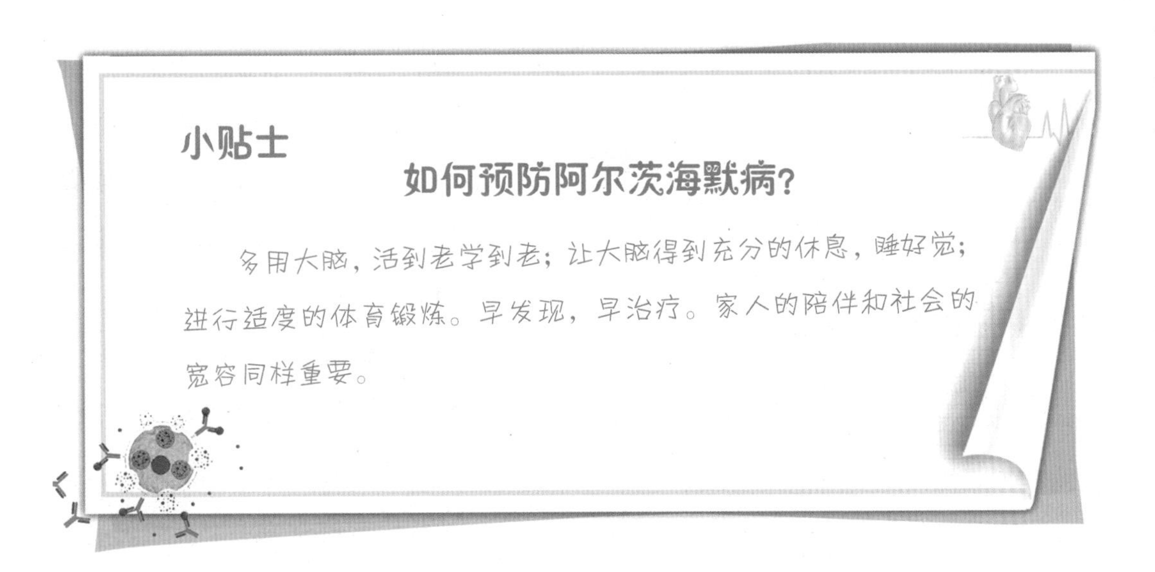

六、他在跳舞吗

亨廷顿病性痴呆属于单基因常染色体显性遗传性疾病，又称慢性进行性舞蹈病、大舞蹈病（图 3-10）。该病临床症状复杂多变，主要表现为痴呆和舞蹈样动作。患者病情呈进行性恶化，通常在发病 15 ～ 20 年后死亡。

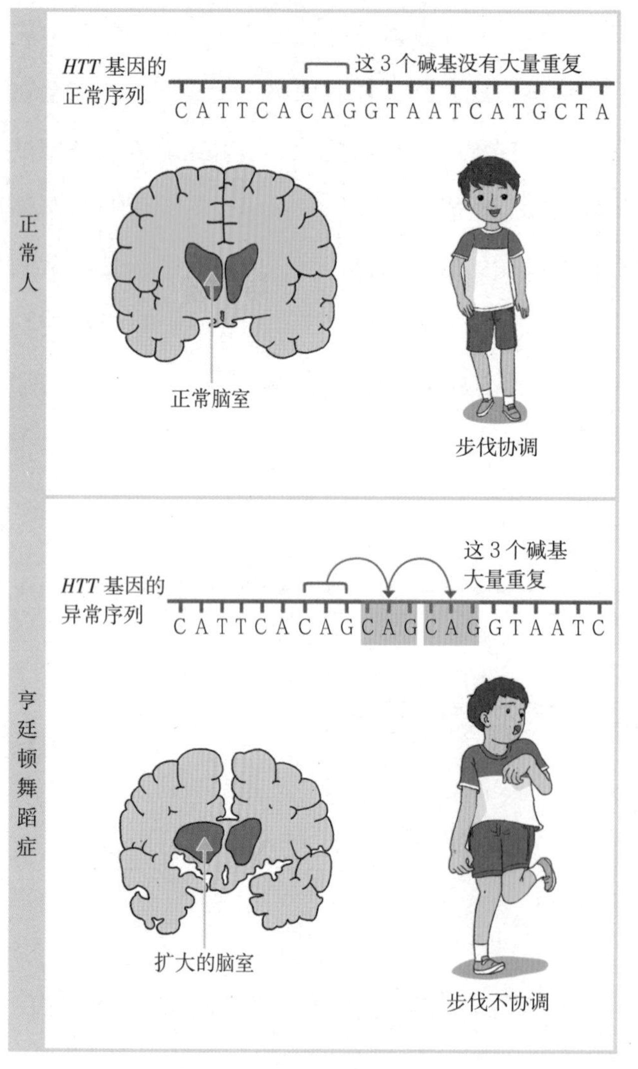

图 3-10　亨廷顿病性痴呆

舞蹈样症状一般出现在痴呆之前。早期常为不规则的肌肉抽动，表现为手指摇动、点头、面部做鬼脸。进一步发展为面、颈、肢体和躯干出现突然的、无目的、强烈不自主的舞蹈样动作。其特点是快速无规律，有时突然像手足多动症一样缓慢而有节奏地运动，伴有发音不清与步态改变，患者常用同方向的随意运动来伪饰。它属于一种肌张力减弱、运动功能增强的锥体外系综合征。异常运动日益增剧导致明显的扭转样动作与共济失调，舞蹈症状出现后智能障碍往往加重。

亨廷顿病性痴呆属单基因常染色体显性遗传性疾病，具有能够遗传和终身难以治愈的特点，不仅给家庭带来不幸、给患者造成终身痛苦，而且代代相传。为了控制和减少遗传性疾病的发生，必须做到预防为主。实行优生保护法，对一定或很大可能造成后代发生先天性疾病者，均应避免生育。“亲上加亲”会增加一些遗传病的发生率，中国婚姻法已明确禁止近亲结婚。尽量避免高龄生育，对高龄生育者（女性35岁以上，男性45岁以上）应做好产前诊断。

有遗传病史、生育过畸形儿或有多次流产史者，应进行遗传咨询。通过遗传咨询，对一些有指征的孕妇做必要的产前诊断，如发现有严重疾病者，应及时终止妊娠，防止有严重疾病和缺陷的胎儿出生。

基因诊断可以检测父母生育患儿的概率，避免悲剧的发生。随着科技的发展，能够提高优生的可能性，为社会和家庭提供科学的指导，降低负担。

七、拳王也会颤抖

你知道美国著名的拳王阿里吗？

穆罕默德·阿里（Muhammad Ali-Haj，1942—　）（图3-11），1942年出生于美国肯塔基州路易斯维尔，是美国著名拳击运动员。

图3-11　拳王阿里

阿里从12岁就开始了自己的拳击运动。1964年，22岁的阿里击败索尼·利斯顿第一次获得重量级拳王的称号。同一年，他又一次击败利斯顿，从此职业拳击进入了阿里时代。阿里于1981年退役，他在20年的职业生涯中共22次获得重量级拳王的称号。

拳王阿里是一位著名的拳击运动员，他在比赛中无所畏惧，但是由于长期从事拳击运动，头部不可避免地受到击打。阿里整个职业生涯，头部累计遭遇了超过 29 000 次重击，这被医生认为是其患上帕金森病的重要原因。帕金森病的典型症状是，患者静止时，手会不受自己的控制，不停地颤抖。

帕金森病是一种慢性进行性运动障碍性疾病，有明确的病因，如药物中毒、感染、外伤和脑卒中等，表现为静止性震颤、运动迟缓、肌强直和姿势平衡障碍。人体中脑的黑质神经元能够通过合成一种叫多巴胺的神经递质调节运动功能。当黑质神经元死亡过多，多巴胺释放减少，就会出现帕金森病。

目前帕金森病只能控制症状，无法进行根治。

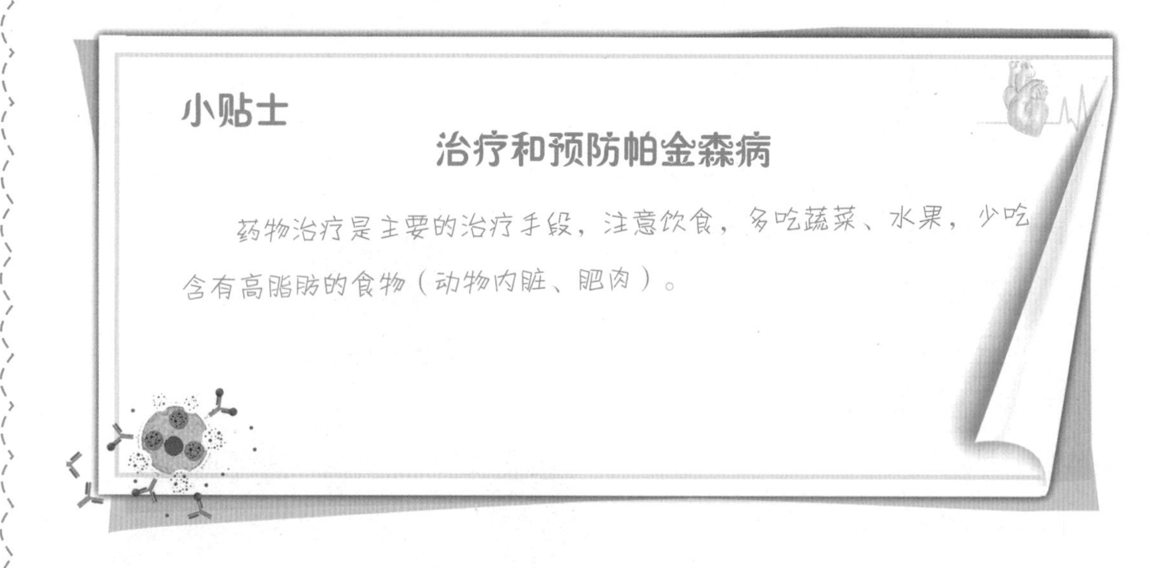

小贴士

治疗和预防帕金森病

药物治疗是主要的治疗手段，注意饮食，多吃蔬菜、水果，少吃含有高脂肪的食物（动物内脏、肥肉）。

第四章
环保卫士——肺细胞

人类在地球上生存离不开水和氧气。氧气通过呼吸系统进入肺部，由肺细胞结合氧气，释放出二氧化碳，再通过血液循环将氧气传送到全身各处。

空气中的有害物质和气体都可以通过呼吸道进入肺部，进而损伤肺细胞，比较常见的是吸烟可能引起肺癌。同样，空气中的细菌和病毒也会对肺细胞造成损伤，进而影响人们的身体健康。

每到季节更替的时候，气温骤变，人体受到外界刺激，细菌和病毒通过呼吸道进入人体。当机体的免疫力降低，对细菌和病毒的抵抗力下降，就会导致疾病发生，严重时甚至会危及生命。

一、吸烟毒害了谁

“吸烟有害健康，室内禁止吸烟”，这样的警示标语在公共场所随处可见。中国是烟草消耗大国，每年都会消耗大量的香烟。吸烟不但对自身的健康有害，还会危害身边人的健康。

有很多病例，患者自己从来不吸烟，居然也会患肺癌，甚至还有儿童患肺癌的病例报道。这些患者大多是家中有人长期吸烟，自己吸入了二手烟，这样才不断地危害肺功能，最终导致肺癌。

吸烟可能引发肺癌，还会导致肺气肿等有关疾病（图 4–1）。据统计，中国大约有 3 亿吸烟者。一个人每天吸 10 支烟，其患病率是非吸烟人士的 10 倍。被破坏的肺细胞不能恢复正常。初期病症不易被察觉，直至癌性细胞蔓延至血管及其他器官。

从图 4–1 中，我们可以清楚地看到，吸烟人的肺与健康人的肺相比，要黑得多，功能也会弱很多。

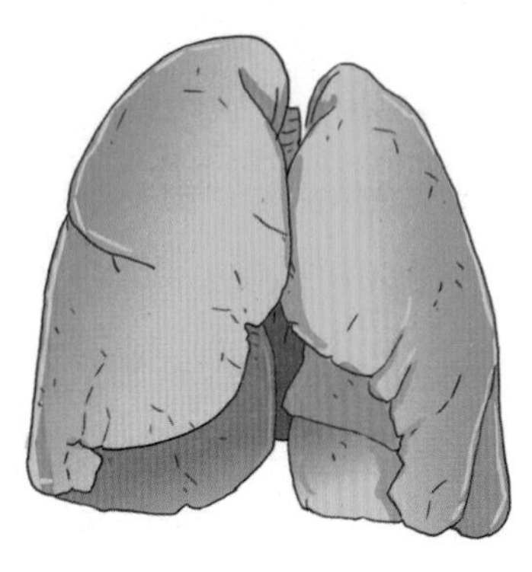
健康肺

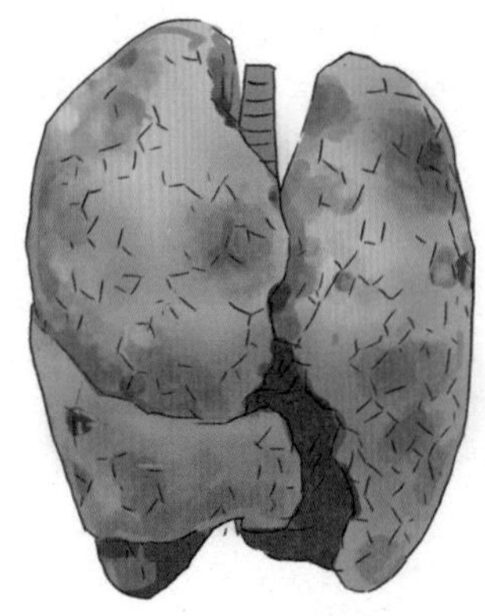
吸烟肺发展中

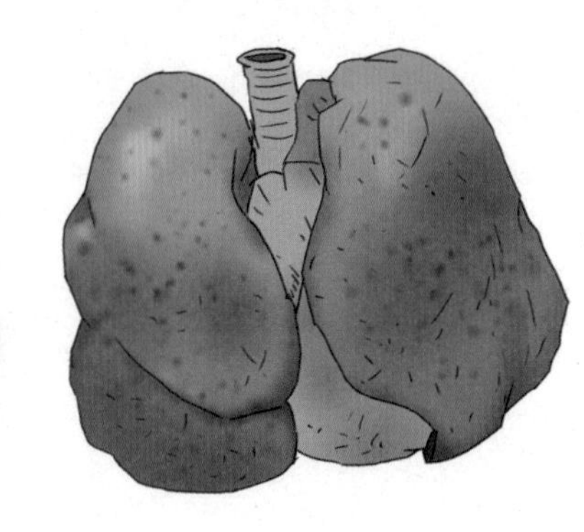
吸烟肺末期

图 4–1　吸烟有害健康

肺泡(图4-2)的大小形状不同,平均直径约为0.2毫米。成年人约有7亿多个肺泡,总面积近100平方米,所有的肺泡展开的面积大约有50个乒乓球桌那么大,是人的皮肤表面积的好几倍。肺泡是肺部气体交换的主要部位,也是肺的功能单位。氧气从肺泡经呼吸膜向血液弥散,呼吸膜很薄,小于1微米,有很高的通透性,故气体交换十分迅速。

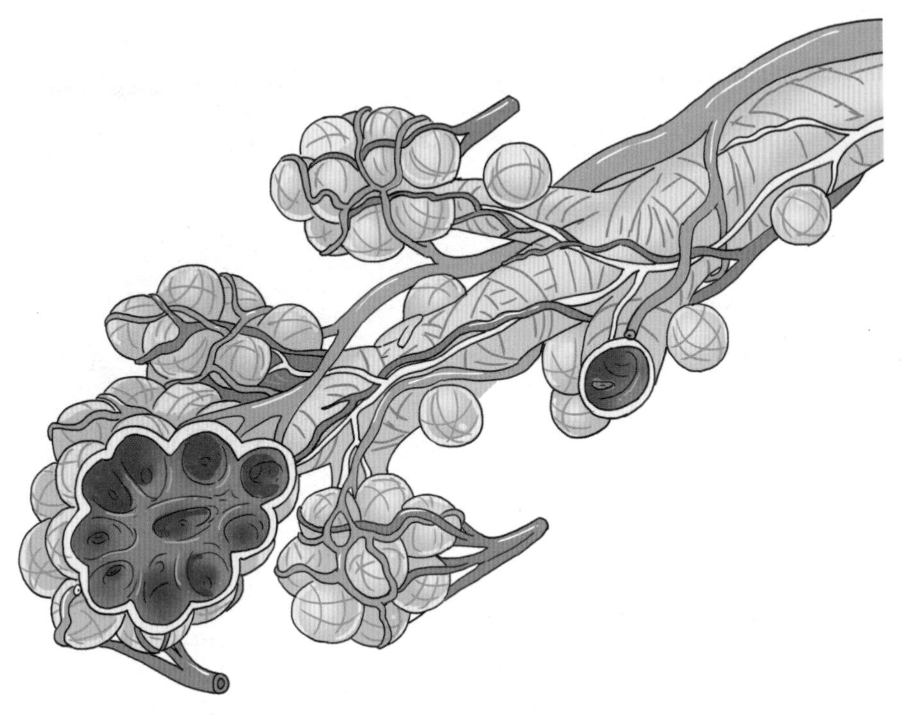

图4–2　肺泡的结构

吸入肺泡的气体进入血液后,随着血液循环将氧气输送到全身各处。肺泡周围毛细血管里血液中的二氧化碳则可以透过毛细血管壁和肺泡壁进入肺泡,通过呼气将二氧化碳排出体外,肺泡内的表面含有表面活性物质,起着降低肺泡表面液体层表面张力的作用,使细胞不易萎缩,且吸气时又较易扩张。长期吸烟的人,肺泡处于过度膨胀状态,会使肺泡的弹性纤维失去弹性并遭到破坏,形成肺气肿,影响呼吸功能。

二、痨病有多可怕

痨病，临床医学称为结核病，也叫“白色瘟疫”，是一种非常古老的传染病。自从有人类以来就有结核病的存在。人们在新石器时代人类的骨化石和埃及4 500年前的木乃伊上，就发现了脊柱结核。《红楼梦》中的林黛玉就是死于痨病。中国最早的医书《黄帝内经·素问》上就有类似肺结核病症状的记载，西方医学家希波克拉底也曾对结核病做过描述。由此可见，结核病不但古老，而且是在世界范围内广泛流行的传染病。

结核病曾在全世界广泛流行，有数亿人死于结核病。1882年3月24日，罗伯特·科赫（Robert Koch，1843—1910年）（图4-3）在德国柏林生理学会上宣布了结核菌是导致结核病的病原菌，但当时由于没有有效的治疗药物，结核病仍然在全球广泛流行。

自20世纪50年代以来，科学家不断发现有效的抗结核药物，使结核病的传染得到了一定的控制。随着现代医疗条件的发展，肺结核不再是不治之症，只要进行正规的治疗，就可以痊愈。

图4–3　罗伯特·科赫

卡介苗的问世是人类在与肺结核抗争史上里程碑式的胜利。

20世纪初，结核病菌肆虐世界，数以亿计的人受到感染，死伤无数。但因为缺乏结核菌疫苗，所以人们对结核病束手无策。直到1908年，法国细菌学家阿尔贝·莱抑昂·夏尔·卡尔梅特（Albert Leon Charles Calmette，1863—1933年）和动物学家卡米耶·介朗（Camille

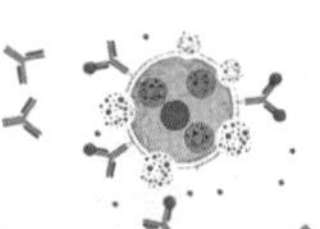

Guerin，1872—1961年）根据19世纪80年代法国科学家巴斯德发明的利用减弱毒力的细菌作疫苗预防疾病的方法，经过13年的不懈努力，成功培育出能抵抗结核菌的疫苗，才结束了人类对结核菌无可奈何的局面。

图4–4　卡尔梅特和介朗

卡尔梅特和介朗（图4–4）的研究是从培养一株患结核患者的乳汁内分离出来的致病力很强的结核菌开始的。他们将这株结核菌培养在含有牛胆汁的马铃薯培养基中，每隔3周移种1次。在培养移种过程中，他们用动物进行了200多次试验，最终培育出了针对结核菌的疫苗。为表彰他们两人的功绩，人们把这种疫苗命名为“卡介苗”。

使用他们两人发明的这种抗结核菌疫苗后，世界结核病发病率降低了80%～90%，特别是使婴儿结核性脑膜炎和急性肺结核患病人数减少了95%。他们为人类战胜结核病立下了不可磨灭的功勋。到1961年介朗去世时，全世界已有2亿多人注射了这种抵抗结核菌的疫苗。现在在中国，学龄前儿童都要免费接种卡介苗，用来预防肺结核。

如今，肺结核在世界上已基本绝迹。自从卡介苗诞生后，各种防病疫苗开始如雨后春笋般出现，如小儿麻痹症疫苗、麻疹疫苗、流行性脑炎疫苗等。值得一提的是，这些活体疫苗都是用卡尔梅特和介朗的方法培育成功的。

卡介苗的出现，拯救了数以亿计的人的生命，翻开了人类与自然疾病斗争的新篇章。卡尔梅特和介朗为人类做出的伟大贡献将永远被人们铭记于心中。

三、为什么人总会感冒

普通感冒是常见的疾病，主要由常见的病毒感染所致，一年四季都有可能发生，尤其是换季时。感冒是一种十分常见的急性感染性呼吸道疾病，每次发病多伴有以下一种或多种症状，如鼻塞、流涕、发热、头痛、乏力、全身酸痛或咽喉疼痛等，一般病程 3 ~ 7 天不等，如果伴有下呼吸道感染，病程可延长至 10 ~ 14 天。

感冒引起的发热，可以先采用物理降温，如贴退热贴、多喝水等方法。

为什么有些人容易感冒，而有些人却很少感冒呢？

这主要和每个人的体质有关系，经常锻炼身体、健康饮食、免疫力强的人，不容易感冒，不容易被病毒打败。而那些身体偏弱、不规律生活、免疫力低的人，就会经常感冒。只有提高自身的免疫力，才能打败各种引起感冒的病毒，保护自己不受感冒的困扰。

那么，要如何预防感冒呢？

平时要加强体育锻炼；注意保暖；勤洗手；常通风，让室外的新鲜空气流动起来；工作劳累要注意休息，不能熬夜；还可以通过提前注射疫苗，来预防感冒（图 4–5）。

图 4–5　预防感冒的方法

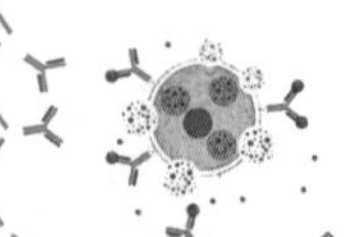

四、非典有多可怕

2002 年底到 2003 年夏天的非典型性肺炎（以下简称非典），给国家财产和人民群众的生命安全带来了巨大的损失和伤害。这种重症急性呼吸综合征的病因是一种新型的冠状病毒，称为 SARS 冠状病毒（图 4–6）。该病毒会引起患者气喘和呼吸困难。

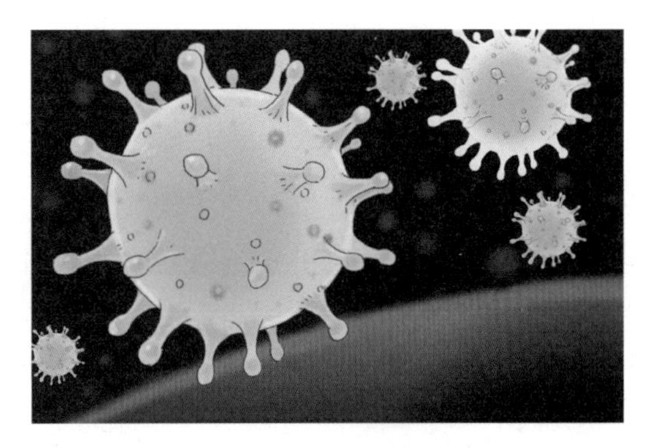

图 4–6　非典病毒

钟南山院士（图 4–7），一位从事呼吸系统疾病的临床医生，在抗击非典的战役中发挥了重要的作用，他不顾个人安危，救治患者，主持制定非典诊治指南，为战胜疫情做出了突出贡献。

图 4–7　钟南山

SARS 冠状病毒主要通过接触患者呼吸道分泌物近距离飞沫传播。很多聚集性活动都不能进行，人们不能像平时一样逛公园、去电影院看电影，甚至乘坐交通工具也要尽量避免使用地铁那种人群密集的交通方式。非典的肆虐导致了中国几百人丧生，幸存下来的患者大多由于后遗症，生活质量也大幅下降。

如何预防非典呢？只要做到控制传染源、切断传播途径、保护易感人群，就能防止非典的扩散。

五、禽流感和人有什么关系

1878年从瘟鸡中分离得到一种鸡瘟病原，1901年称这种鸡瘟病原为“过滤性因子”或鸡瘟病毒。后来，又发现新城疫病毒在禽类中也可引起鸡瘟样疾病，即中国俗称的“鸡瘟”。

人感染禽流感，是由禽流感病毒引起的人类疾病。禽流感病毒（图4–8）属于甲型流感病毒，根据禽流感病毒对鸡和火鸡的致病性的不同，分为高、中、低（非致病性）3级。由于禽流感病毒在复制过程中发生基因重配，致使结构发生改变，获得感染人的能力，才可能造成人感染禽流感的发生。

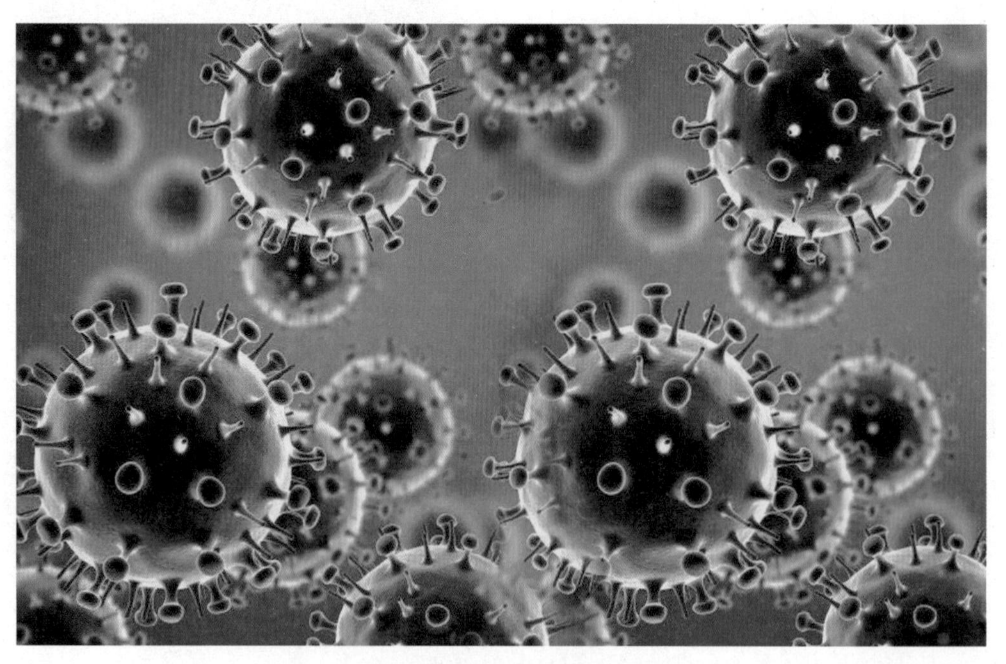

图4–8　禽流感病毒

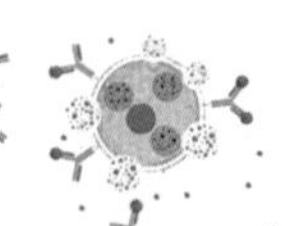

至今发现能直接感染人的禽流感病毒亚型有H5N1、H7N1、H7N2、H7N3、H7N7、H9N2和H7N9。其中，高致病性H5N1亚型和2013年3月在人体上首次发现的新禽流感H7N9亚型尤为引人关注，它们不仅造成了人类的伤亡，同时重创了家禽养殖业。

禽流感患者要进行适当隔离，卧床休息、使用物理方法或药物降温。禽流感患者的抗感染治疗包括抗病毒治疗，但强调临床的治疗时机要“早、快、准”。

目前认为，携带病毒的禽类是人感染禽流感的主要传染源。减少和控制禽类，尤其是家禽间的禽流感病毒的传播尤为重要。要持续开展健康教育，倡导和培养个人呼吸道卫生和预防习惯，做到勤洗手、保持环境清洁、合理加工烹饪食物等。需特别加强人感染禽流感高危人群和医护人员的健康教育和卫生防护。

同时，要做好动物和人的流感监测，及时发现动物感染或发病疫情，以及环境中病毒循环的状态，尽早采取动物免疫、扑杀、休市等消灭传染源、阻断病毒禽间传播的措施。早发现、早诊断禽流感患者，及时、有效、合理地实施病例隔离和诊治。做好疾病的流行病调查和病毒学监测，不断增进对禽流感的科学认识，及时发现聚集性病例和病毒变异，进而采取相应的干预和应对措施。

六、新型冠状病毒有多危险

今天你的体温是多少？你有出门证吗？你有健康码吗？

从2019年12月开始，新型冠状病毒感染的肺炎疫情时刻牵动着全国人的心。

每天早上第一件事就是看新闻，今天新增病例是多少？今天治愈病例是多少？

冠状病毒在1965年已被分离出来，但人们目前对它们的认识还相当有限。5 ~ 9岁儿童有50%可检出中和抗体，成人中70%中和抗体阳性。鼻病毒是20世纪

50 年代被发现的。人们首先发现鼻病毒与感冒有关，但是只有大约 50% 的感冒是由鼻病毒引起。

冠状病毒属于单股正链 RNA 病毒。目前已知的感染人的冠状病毒有 6 种，即 HCoV-229E、HCoV-OC43、SARSr-CoV、HCoV-NL63、HCoV-HKU1 和 MERSr-CoV。中国首次从武汉市不明原因肺炎患者下呼吸道分离出的冠状病毒是一种新型冠状病毒，即 2019 新型冠状病毒（2019-nCoV）（图 4-9）。新型冠状病毒性肺炎是一种急性感染性肺炎，其病原体是一种之前没有在人类体内发现的新型冠状病毒，即 2019 新型冠状病毒。

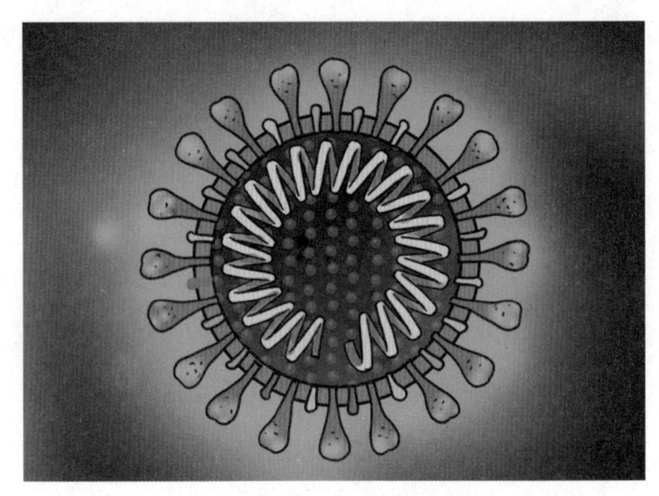

图 4-9　2019 新型冠状病毒

病毒的大小只有 10 ~ 300 纳米，人体的细胞大小是 30 ~ 100 微米，小小的病毒是如何进入到肺里面的呢？目前新型冠状病毒的传染源主要是感染了这种病毒的肺炎患者，可以通过呼吸道飞沫传播，还可以通过接触传播。

新型冠状病毒进入人体后，先攻击的并不是上呼吸道，而是人体深部的肺泡。新型冠状病毒的结构与血管紧张素转换酶Ⅱ互相作用，进而感染人的肺上皮细胞。科学家研究发现，有 0.64% 的人类肺细胞会表达血管紧张素转换酶Ⅱ，而这些细胞中的 83% 是二型肺泡上皮细胞。表达血管紧张素Ⅱ的二型肺泡大约占所有二型肺泡细胞的 1.4%。其他细胞如一型肺泡细胞、气道上皮细胞、成纤维细胞、内皮细胞和巨噬细胞等也会表达血管紧张素Ⅱ，但是比例小，而且个体差异大。

经过进一步分析，将不表达血管紧张素Ⅱ和表达血管紧张素Ⅱ的二型肺泡上皮细胞比较发现，表达血管紧张素Ⅱ的二型肺泡上皮细胞里面，有几十个与病毒复制、装配和生命周期调节相关的基因表达水平显著升高。

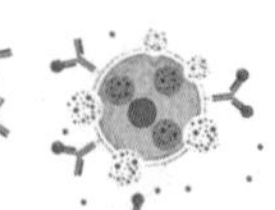

新型冠状病毒与2003年发生的SARS病毒有明显的区别，很多确诊的患者没有明显的症状，甚至没有咳嗽，也不发热，但是肺部CT却已经有病灶。有些没有症状却传染了其他人，使得疫情防控更加困难。

应该如何预防感染新型冠状病毒呢？

北京市疾病预防控制中心建议市民要加强个人防护，避免接触野生禽畜，杜绝带病上班、聚会。如出现发热、咳嗽等症状，应根据病情就近选择医院发热门诊就医，并戴上口罩就诊，同时告知医生类似患者或动物接触史、旅行史等。具体建议如下。

1. 加强个人防护

（1）避免前往人群密集的公共场所。避免接触发热、呼吸道感染患者，如需接触，接触时要佩戴口罩。

（2）勤洗手。尤其在手被呼吸道分泌物污染时，触摸过公共设施后，照顾发热、呼吸道感染或呕吐、腹泻患者后，探访医院后，处理被污染的物品后，以及接触动物、动物饲料或动物粪便后。

（3）不要随地吐痰。打喷嚏或咳嗽时用纸巾或袖肘遮住口、鼻。

（4）加强锻炼，规律作息，保持室内空气流通。

2. 避免接触野生禽畜

（1）避免接触禽畜、野生动物及其排泄物和分泌物，避免购买活禽和野生动物。

（2）避免前往动物农场和屠宰场、活禽动物交易市场或摊位、野生动物栖息地等场所。必须前往时要做好防护，尤其是职业暴露人群。

（3）避免食用野生动物。不要食用已经患病的动物及其制品。要从正规渠道购买冰鲜禽肉，食用禽肉蛋奶时要充分煮熟。处理生鲜制品时，器具要生熟分开并及时清洗，避免交叉污染。

3. 杜绝带病上班、聚会

如有发热、咳嗽等症状，要居家休息，减少外出和旅行。天气良好时居室多通风，接触他人要佩戴口罩。避免带病上班、上课及聚会。

4. 及时就医

如出现发热、咳嗽等症状，应根据病情就近选择医院发热门诊就医，并戴上口罩就诊，同时告知医生类似患者或动物接触史、旅行史等。

第五章

你的高矮我说了算——骨细胞

在我们小时候，爸爸妈妈总是对我们说：“快快长大，将来长个大高个。”每个父母都有着这种朴素而美好的愿望，希望自己的孩子能长得高一些。那么，孩子从出生到长大成人，是什么决定了他的身高呢？父母个子不高，孩子有没有可能长高呢？

人体内有两种骨细胞与人的身高密切相关，它们就是成骨细胞和破骨细胞。破骨细胞会将骨组织破坏掉，成骨细胞则会形成新的骨组织。在身高到达最高点之前，成骨细胞占据优势，促进骨骼生长，人就会越长越高；之后就是破骨细胞发挥作用，逐渐破坏骨组织的生长，人就开始变矮了。

不同年龄段的人都可能会遭遇骨折问题。骨折后恢复的程度和所用的时间也会有所不同。青少年的骨骼容易骨折，但是恢复得快，而且不会过多影响骨骼的功能，而老年人也易骨折，恢复的时间却很长，且骨骼的功能无法恢复到骨折前的状态。

一、怎样才能长得更高

人刚出生时，身长只有 50 厘米左右，随着年龄的增加，身体发育，人能长到 1.6 米、1.7 米，高的能达到 1.8 米以上。一个人的身高主要和骨骼的生长有关，尤其是长骨的生长。那么什么是长骨呢？长骨主要指的是人体四肢的骨骼。

人体内与骨骼生长有关的细胞主要有两种，即成骨细胞和破骨细胞。成骨细胞是形成骨骼的主要功能细胞，负责骨基质的合成、分泌和矿化。破骨细胞负责骨的分解与吸收，而成骨细胞负责新骨形成。破骨细胞贴附在旧骨区域，分泌酸性物质溶解矿物质，分泌蛋白酶消化骨基质，形成骨吸收陷窝；其后，成骨细胞到达被吸收部位，分泌骨基质，骨基质矿化而形成新骨。

只有成骨细胞与破骨细胞互相配合，共同努力，才能够促进骨骼的生长和发育。

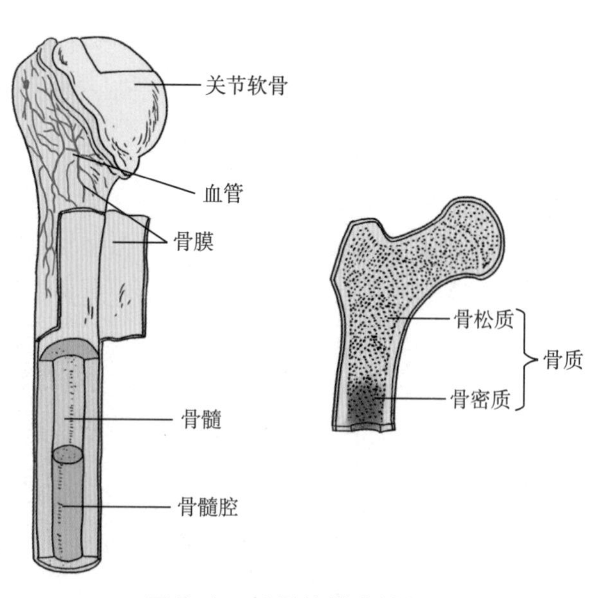

图 5–1　长骨的基本结构

长骨（图 5–1）包括两个部位：骨干和骨骺，在骨干和骨骺之间的软骨是骺软骨，也叫骨骺线。在骨骺线闭合之前，骺软骨不断分裂增殖生成新的软骨，然后软骨再变成骨，骨不断增长，人就随之长高；等到骨龄成熟，骨骺线完全闭合，骺软骨全部骨化，骨干与骨骺连成一体，骨骼完全钙化时，骨就不再增长，人也就不能再长高了。

人要想长得高，除了要保证良好的睡眠、适当的体育锻炼，还要注重日常的饮食，补充、吸收人体长高所需要的多种营养元素。

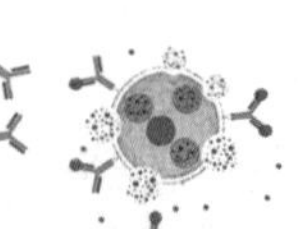

小贴士

有助于长高的运动：打排球、打篮球、跳芭蕾舞、伸展体操、跳绳、慢跑和游泳等。

不利于长高的运动：举重、过度运动、消耗过大的运动。

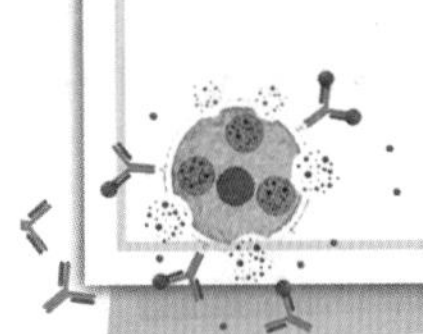

二、如何战胜坏血病

1740年，当时称雄海上的英国派出了庞大舰队进行环球航行，由海军上将乔治·安森率领，6艘战舰、2 000多名船员，可谓雄极一时。历时4年的海上漂泊，终于返回英国，但是最后活着回来的只有1艘战舰的船员。这几百名水手中，每个人的身体都很虚弱，脸上布满瘢痕，口唇溃烂。夺去1 000多名水手性命的凶手，正是数百年来所有远洋水手们的噩梦——坏血病。

坏血病会引起牙龈出血、伤口不易愈合、骨骼畸形、肌肉关节疼痛等（图5-2）。

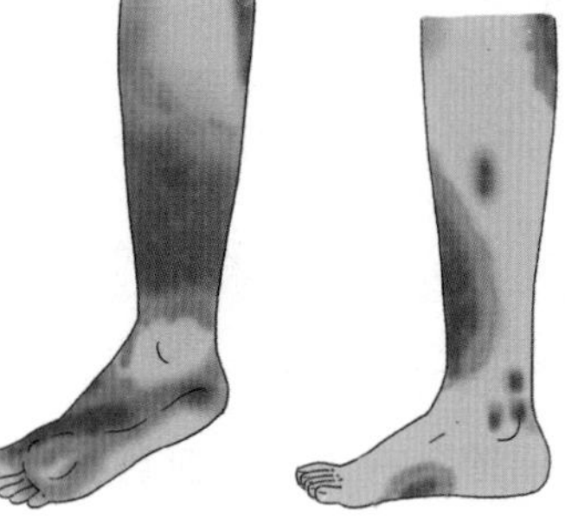

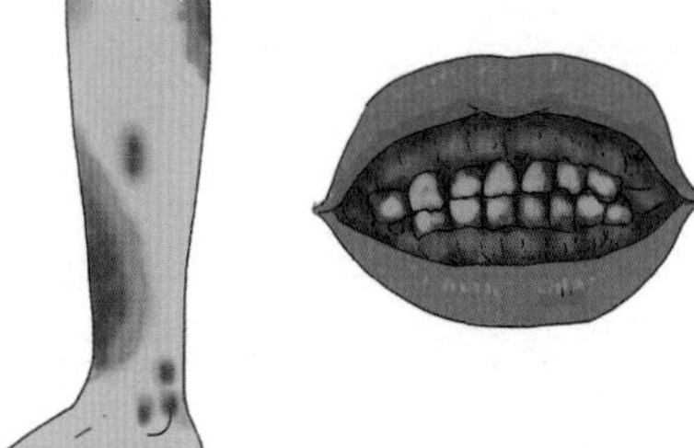

图5-2　坏血病的症状

1747 年，英国皇家海军外科医生詹姆斯·林德（图 5–3）（James Lind，1716—1794 年），作为随船军医登上了索尔兹伯里号军舰，在远航的途中，也遭遇了坏血病。林德观察发现，生病的都是水手，当军官的却很少得病。他认真调查时发现，军官们和水手的饮食不同，水手只能吃面包和腌鱼，军官却可以吃蔬菜和水果。林德推断有可能是饮食上的不同，导致坏血病的发生。林德从经过的荷兰商船那里买了大量的柠檬和柑橘，榨成汁喂给患者，居然缓解了病情。

图 5–3　詹姆斯·林德

现在大家都知道，坏血病的病因主要是缺乏维生素 C，病情严重时骨膜下产生巨大血肿，严重影响骨骼的生长发育。

三、骨质疏松怎么办

骨质疏松（图 5–4）是每个人都无法避免的退行性疾病。随着年纪的增加，骨密度逐渐降低，骨质疏松的发病率增高。

破骨细胞啃食掉陈旧的骨头，成骨细胞则会持续构建新的骨头。人从出生到 1 岁，身体中的骨骼会全部被替换。在成年之后，每年身体都会替换掉 10% 的骨骼。在 30 岁之前，成骨细胞的数量超过破骨细胞，所以骨量能持续积累，很少发生骨质疏松。

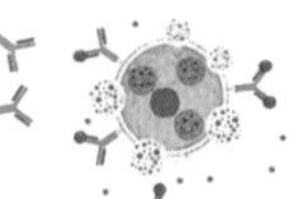

但在 30 岁之后，破骨细胞的数量渐渐开始多过成骨细胞，骨密度变得越来越低，最终形成骨质疏松（图 5–5）。

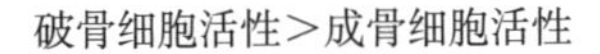
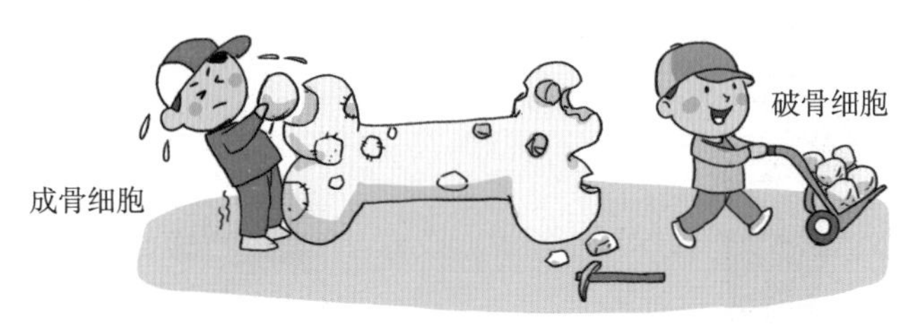

图 5–4　骨质疏松的原因

以往骨质疏松是中老年人的常见病，现在已经越来越年轻化了。年轻人怎么会发生骨质疏松呢？

原来，过多摄入糖、长时间坐着、精神压力大等，这些因素都会导致年轻人的骨质疏松。

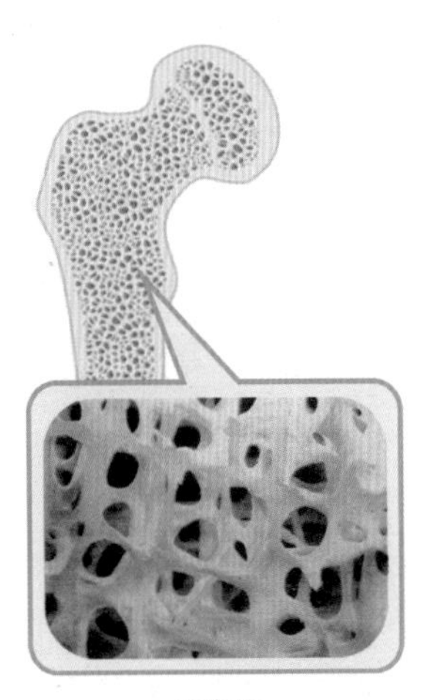

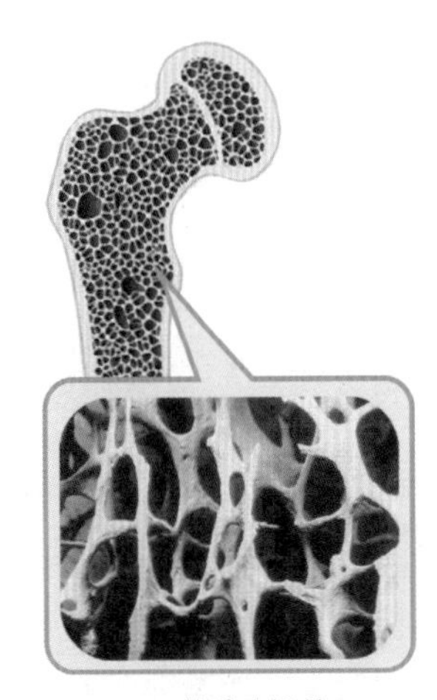

图 5–5　正常骨与骨质疏松骨

没错，糖是骨头的头号杀手，当人体摄入过多的糖和碳水化合物，这些食物被分解为葡萄糖，进入血液，长期下来会引起人体内的胰岛素紊乱，最后胰岛素分泌不足，进而引起骨代谢的紊乱，血清中维生素 D 减少，导致骨质疏松。糖与身体中的蛋白质结合在一起，也会抑制骨细胞的生长。

大多数年轻人长时间宅在家里，很少户外活动，不晒太阳，会直接减少维生素 D 的吸收。维生素 D 能帮助骨骼生长与重构。

此外，巨大的生活与工作压力，会导致人肥胖、抑郁，同时也会让人体的骨密度降低、骨头变薄（图 5–6）……

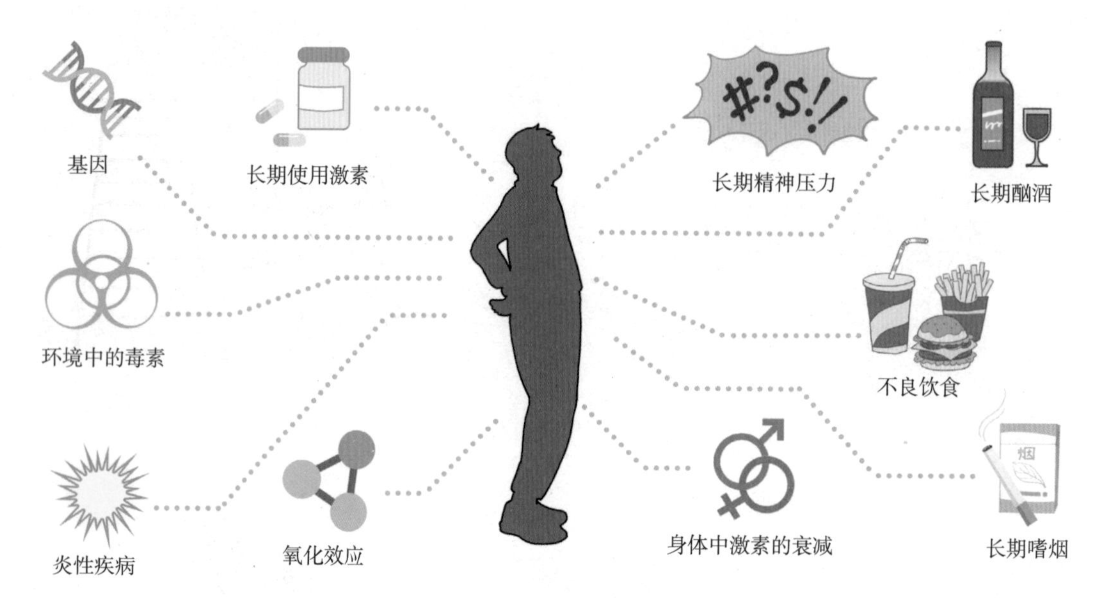

图 5–6 骨质疏松的相关因素

年轻人只有养成良好的生活习惯，才能降低骨质疏松的危害，而减少糖的摄入量，是预防骨质疏松最要紧的事。所以我们要少喝可乐和其他碳酸饮料，远离奶茶和蛋糕，少吃含糖量高的水果。

多做户外运动，如爬山、骑自行车等，这些运动可以强化骨骼，有效预防骨质疏松。抗阻运动不仅可以强化骨骼，还可以强健骨骼肌。强健的骨骼肌可以让身体在遭遇意外的情况下，分散外力对骨头的冲击，减少骨头的压力，避免骨折。

要适量补充人体所需的钙和维生素 D。多喝骨头汤，汤中的食用明胶可以促进肌腱和韧带的修复。骨头汤的营养物质还能帮助关节软骨滑膜正常吸收和分泌滑液，进而减轻骨关节炎的症状。

四、伤筋动骨 100 天

有些小孩子比较顽皮，喜欢打打闹闹，稍不留神就可能摔倒受伤，严重的还会引起骨折。尤其是男孩子，在进行剧烈的体育运动时，发生骨折的风险更大。孩子骨折后到医院治疗，一般的步骤就是拍片子、复位、打石膏。剩下的只能回家休养，医生会叮嘱患者，回家不能乱动，要多喝骨头汤。家里的老人也会说，伤筋动骨 100 天，要好好休息。

骨折（图 5–7）是指骨结构的连续性完全或部分断裂，多见于儿童及老年人，中青年人也时有发生。患者常为一个部位骨折，少数为多发性骨折。经及时恰当的处理，多数患者能恢复原来的功能，少数患者会遗留不同程度的后遗症。

图 5–7　骨折

骨折的愈合过程包括 4 个时期，即肉芽修复期（血肿形成）、原始骨痂期（纤维性骨痂形成）、成熟骨板期（骨性骨痂形成）和塑形期（骨痂改造）（图 5–8）。

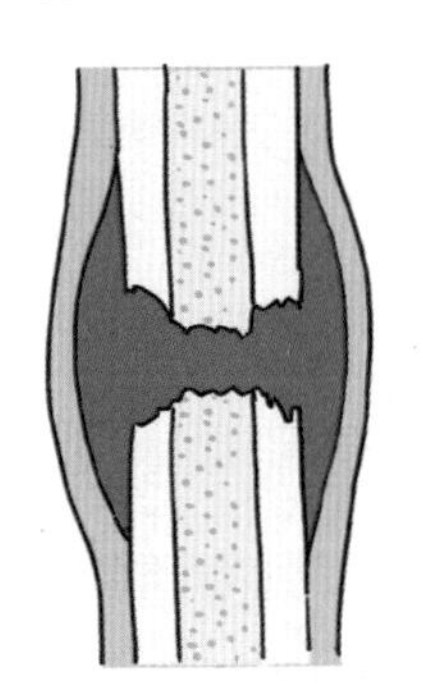

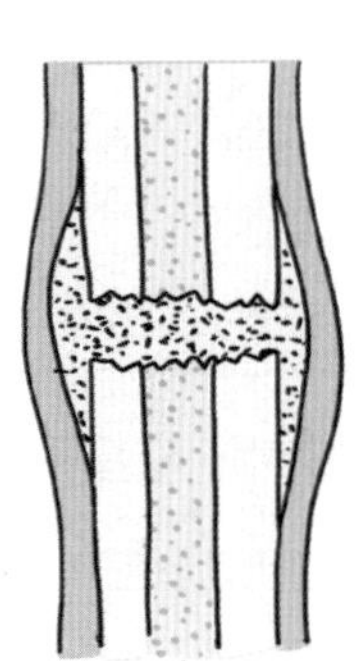

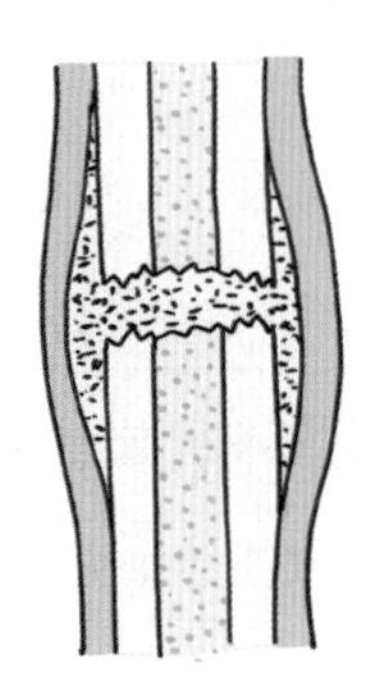

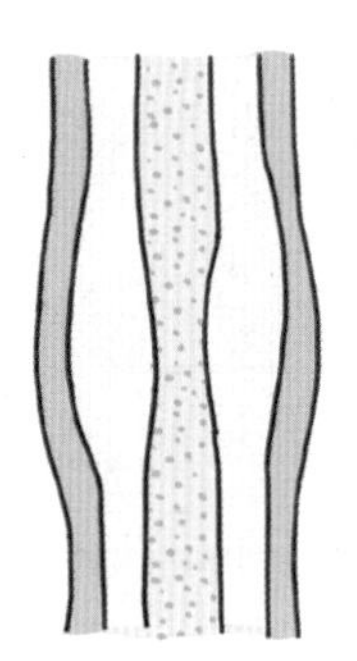

图 5–8　骨折愈合的过程

肉芽修复期需要 2 ~ 3 周的时间，骨折的部位会形成血肿。这些血肿慢慢被人体吸收，转变为肉芽组织。这个时期的患者需要绝对卧床休息，防止二次受伤。原始骨痂期是指受伤后 6 ~ 10 周，骨折断端开始有新的骨头产生，肉芽组织转变成软骨。成熟骨板期在受伤后 8 ~ 12 周，这个时期人体将死骨吸收，新骨形成成熟的板状骨。这 3 个时期就需要 3 个月左右，但是要想恢复到受伤前的状态，还需要 2 ~ 4 年才可以，远远多于 100 天。

骨骼的愈合还与患者的年龄、营养和受伤情况有关。儿童正处于生长发育的高速期，而老年人骨骼的生长速度要明显慢于儿童，因此儿童骨折后要比老年人骨折恢复得快，骨折症状轻的要比严重的恢复得快。

骨折后吃什么才能好得快呢?

骨折早期应该多吃清淡的食物，少吃油腻的食物，多喝骨头汤。中期时补充适当的营养，多补充些维生素和钙。

长期不运动也会对骨折后的身体功能产生不良影响。要在医生的指导下，在不影响病情恢复的前提下，适度锻炼受伤的部位，为骨骼能更好地恢复到骨折前的状态提供更好的帮助。

五、如何预防佝偻病

佝偻病的病因主要是缺乏维生素 D，引起人体内钙、磷代谢紊乱，产生的一种以骨骼病变为特征的全身慢性营养性疾病（图 5–9）。佝偻病主要的特征是生长着的长骨干骺端软骨板和骨组织钙化不全。这一疾病的高危人群是 2 岁以内的婴幼儿，可以通过摄入充足的维生素 D 进行预防。

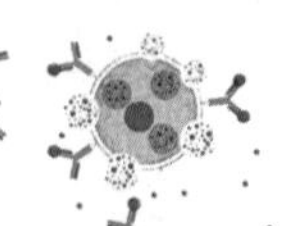

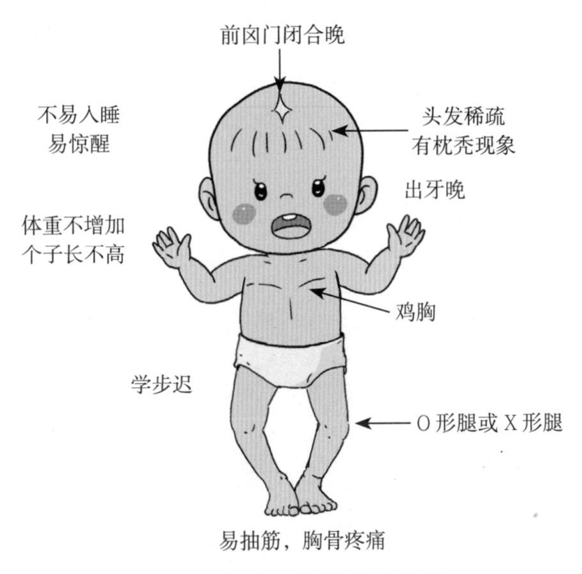

图 5–9　佝偻病的症状

儿童的佝偻病为机体缺钙引起。严重的佝偻病会出现骨骼改变、软化，甚至畸形，应该在早期多加预防。所以，儿童应该注意避免挑食，多吃一些钙含量丰富的食物，同时注意补充维生素 D，以促进钙的吸收。

目前，宝宝出生后医生就会建议服用维生素 D 滴剂，一则预防宝宝佝偻病的发生，二则是促使宝宝头颅的囟门能够在规定的时间闭合，预防软骨骼的产生。

家长也要多带宝宝到室外晒晒太阳，因为晒太阳也可以预防佝偻病。

第六章
生命的补给护士——红细胞

我们上小学时，学唱爱国歌曲，记得里面有一句歌词是："为什么战旗美如画，英雄的鲜血染红了它。"那么血液为什么是红色的呢？原来在血液细胞中，红细胞的数量是最多的，血液之所以呈现红色，就是因为红细胞中存在大量的血红素，而血红素就是红色的。但是血液的红色也是存在着明显区别的，可以分为鲜红色和暗红色。贫血患者的血液呈现淡红色，是由于他们体内的红细胞数量减少，密度降低。造成贫血的原因有很多，有生理性贫血和病理性贫血。由于造血原料缺乏所导致的贫血，主要是巨幼细胞贫血和缺铁性贫血，巨幼细胞贫血是缺叶酸或维生素 B_{12}，缺铁性贫血的主要原因是缺铁元素。这种类型的贫血只要补充身体所缺乏的物质，贫血的症状就会缓解。

一、红细胞是如何长大的

红细胞（图 6-1）的产量非常惊人，人体内每小时要制造 5 亿个新生的红细胞。制造红细胞的工厂主要在人体的骨髓，尤其是红骨髓。制造红细胞的原材料是红细胞生成素与铁离子。红细胞生成素是一种激素，能够控制红细胞的生成，主要来源于肾的毛细血管上皮，肝也能分泌少量的红细胞生成素，然后再进入血液中，运输到骨髓，促进红细胞前物质的生成及分化，以增加红细胞的数量。

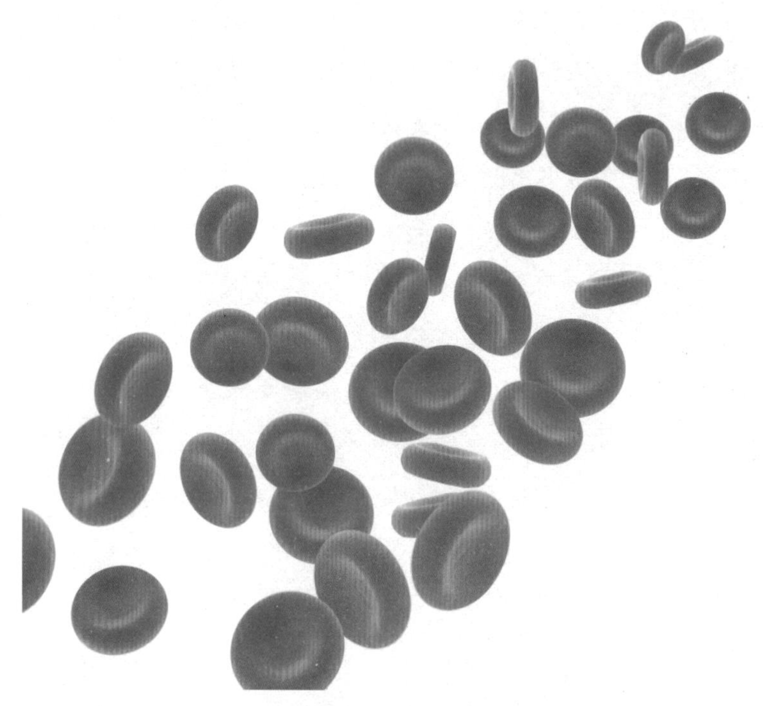

图 6–1　红细胞

人在正常状态下不需要大量的红细胞生成素就可以刺激骨髓制造红细胞。当肾脏中血液含氧量下降，就会向人体发出警告，随之生产出更多的红细胞生成素，红细胞生成素便命令骨髓制造一批新的红细胞。

红细胞由一系列的细胞发育而成，最开始是原红细胞，经过早幼红细胞、中幼红

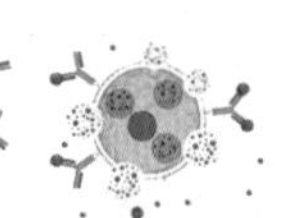

细胞和晚幼红细胞，然后是网织红细胞，它们的细胞核及线粒体等结构会消失，分化成熟后，红细胞便离开骨髓进入循环系统，发挥作用。在正常情况下，只有成熟的红细胞才会离开骨髓，进入血液循环（图 6–2）。

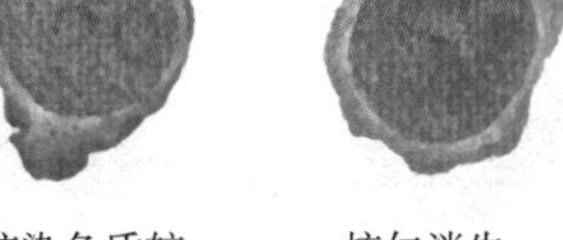
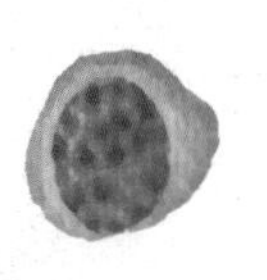

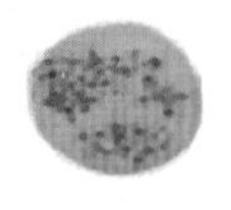

图 6–2　红细胞的生成过程

从图 6–2 中可以看出，红细胞从原红细胞发育到成熟的红细胞，经历了很多形态学与功能上的变化。原红细胞中的细胞核染色质很粗，呈颗粒状；早幼红细胞的核仁开始消失；中幼红细胞的细胞内开始有血红蛋白的合成；晚幼红细胞的胞质逐渐成熟，染色质聚集在一起，形成黑色的团块；网织红细胞的细胞核排出，但是还残留核糖体和 RNA；成熟的红细胞已经没有了细胞核和细胞器。

二、红细胞艰难的一生

红细胞的一生是非常不容易的，为什么这么说呢？

红细胞的寿命是非常短暂的，平均寿命只有 120 天。

红细胞真的很不容易，它需要通过血液流经到全身各个部位。红细胞从骨髓开始出发，需要进行一场马拉松似的长跑，要穿过比自己身体还要小的毛细血管。红细胞的直径为 5 ~ 8 微米，而毛细血管的直径才 2 ~ 3 微米，红细胞没有细胞核，只有细胞膜和细胞质，因此红细胞能够变形，穿过毛细血管（图 6–3）。

图 6–3　红细胞通过毛细血管

在正常状态下，红细胞内的渗透压与血浆渗透压大致相等，可以保证红细胞的形态。将人体红细胞放在等渗溶液中，它能保持正常的大小和形态。但是如果把红细胞放到高渗盐溶液中，水会从红细胞内流出，红细胞失水会逐渐皱缩。相反，若将红细胞放于低渗盐溶液中，水流入红细胞内，红细胞膨胀变成球形，甚至膨胀而发生破裂，释放血红蛋白入血液中，称为溶血（图 6–4）。

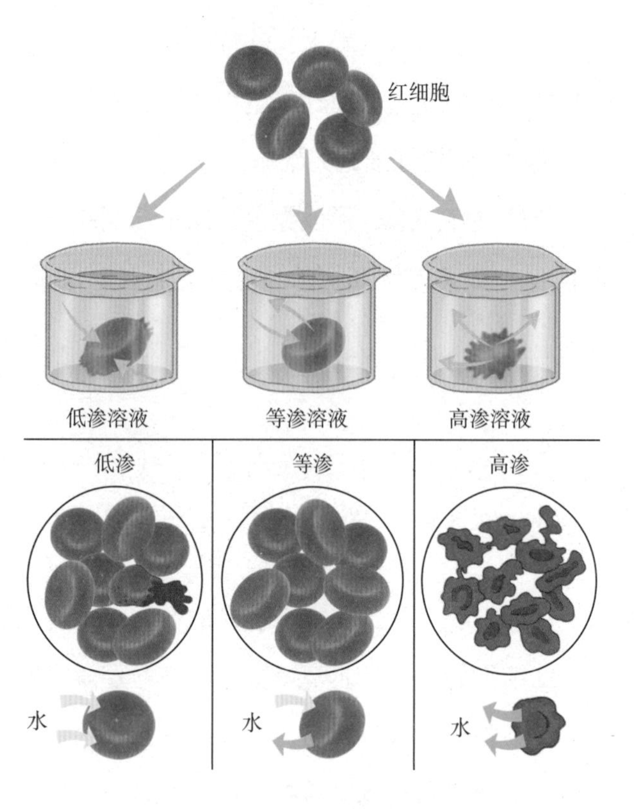

图 6–4　红细胞溶血

红细胞就像用于建造房屋的一块砖，哪里需要哪里搬。只要人体的器官和组织需要氧气和营养，红细胞就会破除万难，直达目的地。为需要氧气和营养的组织器官提供帮助，绝对舍己为人。就像人民解放军一样，为人民服务。红细胞也是这样，为人体的各个组织器官服务，使命必达，以维持人体的生理功能正常运行。

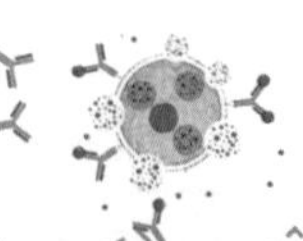

三、红细胞都能做什么

红细胞虽然看着小，但是本领却很大。它最重要的本领就是运输氧气和二氧化碳。

红细胞中含有一种叫血红素的物质，它具有缓冲的作用。血红素十分活跃，既能和氧气结合在一起，也能和二氧化碳结合。红细胞的功能是运输氧气、二氧化碳、电解质、葡萄糖以及氨基酸这些人体新陈代谢所必需的物质。

在人的肺中，氧气的张力高，血红素在微血管中与氧气结合，形成充氧血红素，通过动脉，充氧血红素在肌肉微血管中释放氧气。血红素和氧气结合时，血液就变得鲜红，变成动脉血，和二氧化碳结合时，血液就变得暗红，变成静脉血。

血红素既能和它们很快地结合，又能和它们分开。当红细胞流经肺的时候，它就跟氧气结合在一起并把氧气运送到人的全身，让肌肉、骨骼、神经等细胞得到氧气，能够正常地工作。红细胞把氧气送出后就很快和氧气分离，并且立刻带走了这些细胞排出的二氧化碳等，将它们运回肺部呼出体外。

红细胞除了具有运输氧气和二氧化碳的主要功能，还具有一定的免疫功能。红细胞有吞噬细胞样的功能，在细胞膜的表面有过氧化物酶，它可以像巨噬细胞一样杀死病菌，像士兵一样在身体的各个部位巡逻，一旦发现不属于人体的病菌，就马上将其消灭。

四、你的血型和什么有关

你是什么血型啊？现在这个问题对于我们来说，实在是太简单了，去医院挂个号，抽血验一下，很快就可以知道结果了。那是因为现在的科学技术发达，看似简单的操作，在过去却无法了解。

人类认识血型经历过漫长的岁月，在不断的尝试、不断的失败，又通过一系列试验研究及临床试验才逐渐认识到的。在科学不发达的古代，人们为了治病，会让患者喝健康人的血；还有用水蛭贴到患者的胳膊上，让它把患者的血吸出来；一个人如果中了毒，还会把血管割开，让患者的血流出来。由于没有科学知识，很多尝试的结果是好多患者死去了。

直到1901年，奥地利的病理学家、免疫学家卡尔·兰德斯坦纳（Karl Landsteiner，1868—1943年）（图6–5）工作时发现了一个人的血清有时会与另外一个人的红细胞凝集的现象。当时这一现象并没有得到医学界足够的重视，但这个现象对患者的生命是一个非常大的威胁。这个现象引起了兰德斯坦纳的兴趣，他开始进行认真而系统的研究。

图6–5　兰德斯坦纳

经过反复的思考，兰德斯坦纳推测，会不会是这两个人的血液混合产生了病理变化，而导致受血者死亡？于是他收集了22位同事的正常血液进行交叉混合，发现红细胞和血浆之间有的有凝集现象，有的则没有；说明某些人的血浆能促使另一些人的红细胞发生凝集现象。最后他终于发现了，人类的血液按红细胞与血清中抗原和抗体的不同可以分为许多类型，于是他把血型分成3种：A、B、O（图6–6）。不

图6–6　ABO血型

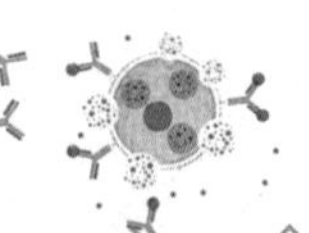

同血型的血液混合在一起就会出现不同的情况，就可能发生凝血、溶血现象。这种现象如果发生在人体内，就会危及人的生命。后来他的两位学生扩大了试验的人数，发现了人数最少的第 4 种血型，即 AB 血型。

图 6-7　Rh（-）熊猫血

在 4 种血型中，O 型血人数是最多的，同时也是人类学上最古老的血型，叫作狩猎血型；A 型血是第 2 种最多见的血型，其祖先是最先从事农耕作物的，也叫作农耕血型；与 O 型和 A 型血相比，B 型血却是人类学上较晚出现的血型，这类人是最早习惯于气候和其他变迁的游牧民族，也叫作游牧血型。AB 型为最晚出现、最稀少的血型，这类人拥有部分 A 型血和部分 B 型血的特征。

人体有两种血型系统，除了 ABO 血型系统还有 Rh 系统（图 6-7）。

在人体的红细胞上具有与恒河猴同样抗原的称为 Rh 阳性血型，红细胞不含有此种抗原的则称为 Rh 阴性血型。

在中国汉族和大部分少数民族的人中，Rh 阳性血型约占 99%，Rh 阴性的人仅占 1% 左右。Rh 血型系统是红细胞血型中最复杂的一种，已发现 40 余种 Rh 抗原，其中 D 抗原抗原性最强，因此通常将红细胞上含有 D 抗原的称为 Rh 阳性，而红细胞上缺乏 D 抗原的称为 Rh 阴性。

血型与一个人的性格也有关。

图 6-8　希波克拉底

希波克拉底（图 6-8）是古希腊伯里克利时代的医师，被西方尊称为“医学之父”，西方医学奠基人。他曾提出体液学说，他认为人体内部具有血液、黏液、黄胆汁和黑胆汁4种体液，它们相互混合的程度决定气质，因此他把人的气质分为4类：多血质（开朗）、黄胆汁质（性急）、黑胆汁质（抑郁）、黏液质（迟钝）。

五、如何预防贫血

诺贝尔奖是世界上最著名的奖项，要想获奖需要有伟大的发现或者对人类做出巨大的贡献。

有谁能想到，1934 年的诺贝尔生理学或医学奖授予了 3 位医学工作者：乔治·霍伊特·惠普尔（George Hoyt Whipple，1878—1976 年）、乔治·理查兹·迈诺特（George Richards Minot，1885—1950 年）和威廉·帕里·墨菲（William Parry Murphy，1892—1987 年），用以表彰他们在发现用生牛肝可治愈恶性贫血事件上所做出的突出贡献（图 6–9）。事实上这 3 位医学工作者的研究并非针对恶性贫血，而是缺铁性贫血。奇怪的是，即便如此，他们的工作依然有成效。原来牛肝中既富含缺铁性贫血所需要的铁，又富含恶性贫血所需要的维生素 B_{12}。

图 6–9　乔治·霍伊特·惠普尔（左）、乔治·理查兹·迈诺特（中）和威廉·帕里·墨菲（右）

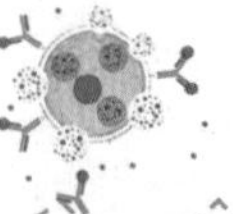

惠普尔研究的是当时发病率高且难以治疗的贫血，他认为贫血很可能是缺乏某种营养元素导致的，只要找到改变贫血的营养元素，就可治疗贫血。惠普尔养了一些贫血狗，用不同的食物去喂狗，每天把狗的饮食情况记下来。结果他发现：猪肝、牛肝和羊肝治疗贫血的效果都不错。随即，他发表文章，推测是肝脏中的铁元素治疗了贫血。

后来，哈佛大学的两位教授迈诺特和墨菲，在恶性贫血患者中组织试吃生牛肝，结果有效。只是他们都认为是肝脏中的铁元素治疗了贫血，但其实起作用的是维生素 B_{12}。

贫血分为很多种类，由于造血原料缺乏所致的贫血，主要是巨幼细胞贫血和缺铁性贫血，巨幼细胞贫血是缺叶酸或维生素 B_{12}，缺铁性贫血的主要原因是缺铁元素。叶酸其实在蔬菜、水果、肉类中广泛存在，只是容易被烹饪所破坏。维生素 B_{12} 在肉类和动物肝脏中的含量非常丰富。

临床上，常以血液中血红蛋白的含量来判断贫血的程度。血液中血红蛋白含量低于 91 克 / 升时称为轻度贫血，在 61 ～ 90 克 / 升为中度贫血，在 31 ～ 60 克 / 升为重度贫血。轻度贫血的孩子一般只表现为面色苍白、精神稍有低迷、爱缠人、食欲减退、体质弱、抵抗力差、时常发热感冒等，家长大多容易疏忽，以为是孩子的情绪问题，没想到是孩子生病所造成的。

中度以上贫血的孩子症状则较为明显，患病儿童的面色发白、精神不好、萎靡不振、烦躁不安，有的患病儿童还可能有异食癖，常喜欢吃墙皮、煤渣、火柴、纸等异物，并出现腹泻、呕吐等消化不良症状，同时伴随呼吸脉搏加快，肝增大等。

患病儿童甚至出现心力衰竭，心脏增大、手脚水肿、胸闷气短等症状。还有的患儿体力、智力出现严重倒退现象，本来会说话、会站、会走路，生病后都不会了，进而严重影响儿童的生长发育。当小孩的头发出现枯黄、稀疏，哭时无眼泪，大便干燥，化验检查时可发现不同程度的红细胞数量及血红蛋白下降，白细胞及血小板数量也急剧减少，还可能出现严重的贫血症状。家长应密切关注孩子日常生活中的行为与表现，早发现、早治疗。

贫血常见的症状包括头晕、易疲劳、失眠、面色苍白等。患有贫血的人，还能够从他的指甲进行简单的判断，一个人一旦贫血，会影响指甲的形状。中医还能够从一个人的舌苔情况，来判断这个人是否贫血（图 6–10）。

突然改变姿势时
会感到头晕目眩

日常活动时容易
气喘、头昏

容易疲倦、常失眠，
注意力难以集中

面色苍白，
没有血色

手指甲凹陷，
呈匙状指甲

舌头光滑，
容易感到头晕

图 6–10　贫血的症状

如何预防贫血呢？

注意饮食搭配，经常吃含铁的动物内脏，尤其是肝脏，多吃新鲜蔬菜和水果，多休息，生病期间不进行剧烈的运动。

防止孩子缺铁性贫血，最重要的是要将膳食搭配得科学合理，帮助孩子建立健康的饮食习惯。

应让 1 岁左右的孩子习惯婴儿固体食物。此时，如果仍然以奶类食品为主食，已经不能满足孩子的生长发育，容易导致孩子营养供应不足。另外，一定要培养孩子从

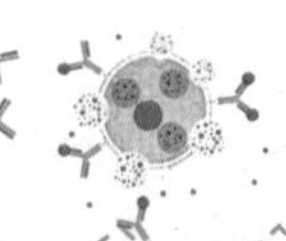

小养成良好的饮食习惯，增加孩子的食欲。做到这些才能避免孩子发生贫血。2岁以上的孩子，要克服偏食、挑食等不良的饮食习惯。妈妈烹饪时也要注意提供含铁丰富的食物。

缺铁性贫血的诊断并不难，治疗效果也很好。只要按医生嘱咐合理服用铁剂、去除引起缺铁的病因，小朋友的情况很容易好转。不过，妈妈还是应该做到防患于未然，做好婴幼儿的合理喂养及定期健康检查。

常吃巧克力的孩子会更容易贫血。因为孩子常吃巧克力、奶油点心等一类高热量食品，会产生饱腹感，这让孩子不愿正常吃饭，减少进食量就无法得到其他必需的营养物质。而且这类食品所含蛋白质和铁也很少。所以，常吃巧克力等高热量食品会导致贫血。

缺铁性贫血大多是可以预防的，在易发生这类贫血的人群中应重视开展卫生宣教和采取预防措施。

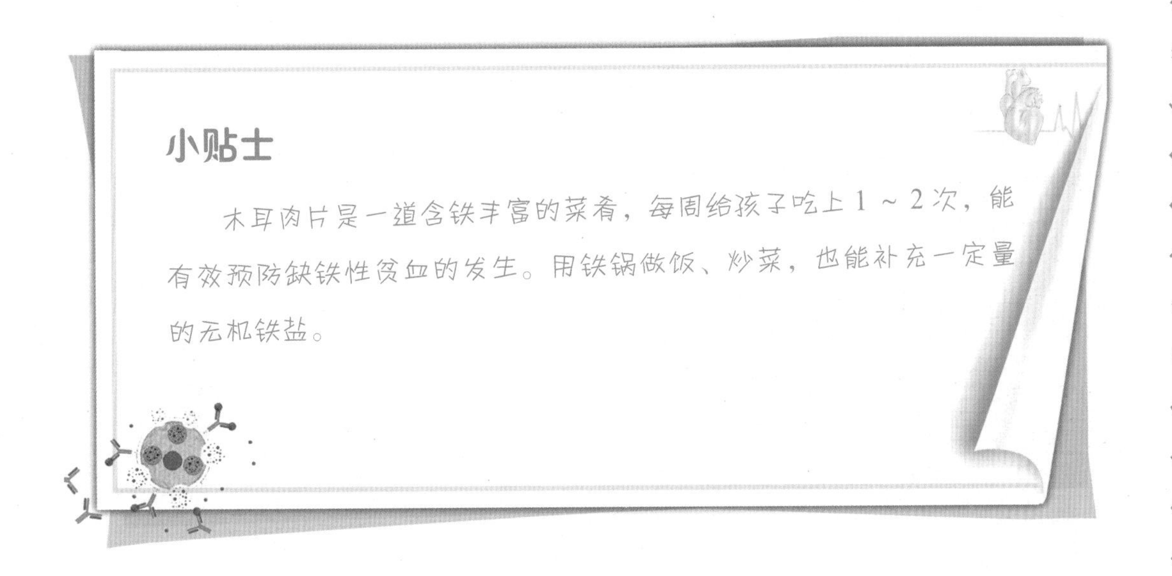

小贴士

木耳肉片是一道含铁丰富的菜肴，每周给孩子吃上1～2次，能有效预防缺铁性贫血的发生。用铁锅做饭、炒菜，也能补充一定量的无机铁盐。

第七章
抵抗疾病的勇士——白细胞

当人体内出现外来病毒和细菌时，人体内有这样一种细胞，像解放军战士、消防队员和医护人员一样，会不顾自身安危，竭尽所能地去将病毒和细菌杀死，这种细胞就是白细胞。白细胞不是一个人在战斗，它们是一个团队，有着不同的分工。有一种叫淋巴细胞的白细胞，像侦察兵一样能够及时发现外来病毒和细菌，并给病毒和细菌做上记号，为正规军提供准确定位信息。更厉害的是它还有一项特殊的技能——记忆能力，人体之前感染过的病毒和细菌、注射过的疫苗等，淋巴细胞都可以记住它们的特征。当有熟悉的病毒或者细菌进入人体，淋巴细胞可以极其快速地指引正规军围歼它们，快到我们的身体没有出现任何的不舒服，病毒或细菌就被消灭了。如天花病毒，人在感染天花病毒痊愈后，就可以获得终身免疫，主要也是因为淋巴细胞有这种记忆功能。而白细胞中的正规军就是杀灭病毒和细菌的主力，叫中性粒细胞，它们的数量占白细胞总数量的一半以上。中性粒细胞的主要作用是吞噬异物和趋化作用，中性粒细胞可以把侵入人体的病毒和细菌包围起来，然后吃掉它们。

一、是谁先发现的白血病

1872年一位法国的医生发现了白血病。患者是一位60多岁的花匠，主要的临床症状是发热、疲乏无力、尿结石和肝脾大。我们都知道，人体内的血液是红色的，主要是因为红细胞是红色的，血液中数量最多的细胞就是红细胞。但是这个患者的血液被离心沉淀后，离心管的底部有白色沉淀，而这些白色的沉淀就是人体内的白细胞，由于白细胞增多，所以称这种病为白血病。

白血病按照发病的时间，分为急性白血病和慢性白血病。白血病患者早期一般会出现骨关节疼痛、进行性贫血以及体温升高等情况。出现这类情况是因为感染，常常会引起肛周感染、肺炎、扁桃体炎、口腔炎、肠炎等疾病，严重的患者还可能出现败血症。

由于白血病会使正常白细胞减少，再加上化疗很容易导致粒细胞缺乏，患者就很容易发生严重的感染或败血症。白血病最常见的症状就是出血，由于血小板降低，易引起呼吸道、消化道、泌尿系统出血，尤其是颅内出血，所以要根据病因采取积极的止血措施。

白血病患者常发生少尿、无尿、肾功能衰竭。由于白血病患者正常成熟中性粒细胞减少，免疫功能降低，常常会导致肺部感染。

白血病的病因至今仍不清楚，但是白血病的发生主要与接触放射线、有毒的化学物质和遗传因素有关。日常生活尽量避免接触有害的放射线。婴幼儿及孕妇对放射线较敏感，妇女在怀孕期间要避免接触过多的放射线，防止胎儿发生白血病。要减少苯的接触，慢性苯中毒主要损伤人体的造血系统，引起人的白细胞、血小板数量的减少而诱发白血病。

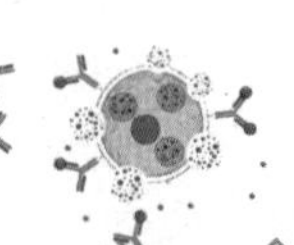

二、中性粒细胞都吃些什么

白细胞中有一个小伙伴，它的名字叫中性粒细胞（图 7–1），它是在瑞氏（Wright）染色血涂片中，胞质呈无色或极浅的淡红色，有许多弥散分布的细小的（0.2 ~ 0.4 微米）浅红或浅紫色的特有颗粒。细胞核呈杆状或 2 ~ 5 分叶状，叶与叶间有细丝相连。中性粒细胞具有趋化作用、吞噬作用和杀菌作用。中性粒细胞来源于骨髓，具有分叶形或杆状的核，胞浆内含有大量既不嗜碱也不嗜酸的中性细颗粒。这些颗粒多是溶酶体，内含髓过氧化物酶、溶菌酶、碱性磷酸酶和酸性水解酶等丰富的酶类，与细胞的吞噬和消化功能有关。

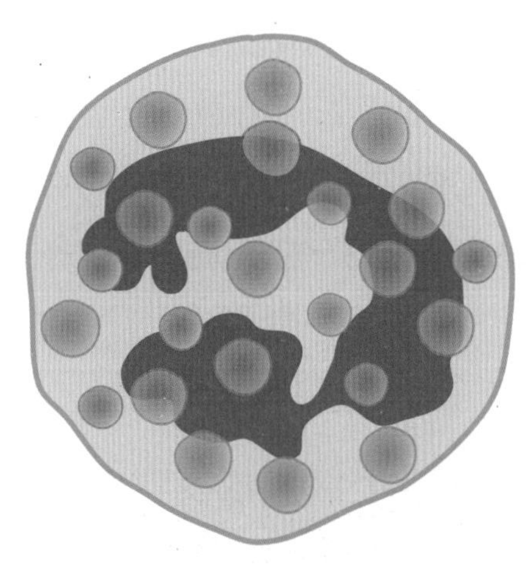

图 7–1　中性粒细胞

中性粒细胞起源于造血干细胞，在骨髓中增殖发育，成熟后进入血液，是抗击病原体入侵战斗力最强的细胞，被称为身体的警察，专门抓破坏身体健康的“坏分子”，中性粒细胞在血液中的寿命只有 6 ~ 10 小时。它是血液内含量最多也是最有效的非特异性免疫细胞，是人体强大的“守卫兵”。非特异性是指无论是何种病原体侵入，中性粒细胞都会将其通通吃掉（吞噬）、释放溶解酶将其消化和清除，最后“壮烈牺牲”。如某处遭遇细菌感染，那么周边血液中该细胞的数量就会增加，骨髓会向血液循环释放更多不成熟的中性粒细胞，于是相对于分叶核白细胞，带状细胞所占比重上升，这一现象叫作核左移。中性粒细胞的总量增加（即中性粒细胞增多症）通常是细菌感染或者某种压力出现的征兆。大多数病毒感染时，中性粒细胞的总数减少。

中性粒细胞升高主要和人体感染有关，当人体出现感染或者有炎症时，中性粒细胞就会聚集在有炎症的地方开始吞噬细胞和细菌，帮助机体抵御感染等疾病的发生。

中性粒细胞具有趋化、吞噬、杀菌等多种生物学功能，是非常重要的杀伤细胞。细菌感染是致中性粒细胞升高的主要因素，但非典型病原菌、真菌、寄生虫乃至病毒等感染也可致中性粒细胞升高。非感染性疾病，如急性脑梗死、急性心肌梗死、大面积烧伤或严重的血管内溶血，白细胞总数及中性粒细胞可增多。在各种急性大出血后 1 ~ 2 小时内，中性粒细胞也会升高。急性化学药物中毒和生物性中毒，白血病、骨髓增殖性疾病及恶性肿瘤，某些结缔组织疾病和风湿性疾病，中暑等因素均可引起白细胞和中性粒细胞增高。

三、T 细胞都有哪几种

T 淋巴细胞简称 T 细胞，是由来源于骨髓的淋巴干细胞，在胸腺中进行分化、发育成熟后，通过淋巴和血液循环分布到全身的免疫器官和组织中进而发挥免疫功能。

按照免疫应答中的功能不同，可将 T 细胞分成 8 个亚群，就像葫芦娃一样，每一个都很有本领。大娃叫辅助性 T 细胞，能协助体液免疫和细胞免疫；二娃叫抑制性 T 细胞，能抑制细胞免疫及体液免疫；三娃叫效应 T 细胞，能够释放淋巴因子；四娃叫细胞毒性 T 细胞，能杀伤靶细胞；五娃叫迟发性变态反应 T 细胞，有参与Ⅳ型变态反应的作用；六娃叫放大 T 细胞，能够加强大娃和二娃的作用；七娃叫天然 T 细胞，它们和抗原接触后分化成效应 T 细胞和记忆 T 细胞；八娃叫记忆 T 细胞，有记忆特异性抗原刺激的作用。

T 细胞按照功能和表面标志可以分为 4 种。

（1）细胞毒 T 细胞。主要消灭受感染的细胞。这类细胞就像“杀手”一样，它们可以对产生特殊抗原反应的目标细胞进行杀灭。细胞毒 T 细胞的主要表面标志是 CD8，也被称为杀手 T 细胞。

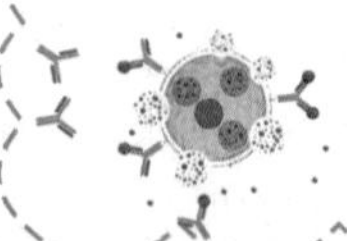

（2）辅助 T 细胞。它可以增生扩散来激活其他类型的产生直接免疫反应的免疫细胞。辅助 T 细胞的主要表面标志是 CD4。T 细胞调控或“辅助”其他淋巴细胞发挥功能。

（3）调节 / 抑制 T 细胞。负责调节机体免疫反应。通常起着维持自身耐受和避免免疫反应过度损伤机体的重要作用。调节 / 抑制 T 细胞有很多种，目前研究最活跃的是 $CD25^{+}CD4^{+}$T 细胞。

（4）记忆 T 细胞。在再次免疫应答中起重要作用。暂时没有发现记忆 T 细胞表面存在非常特异的表面标志物。相信随着研究的深入，人们对记忆 T 细胞将会有一个更深入的了解。

四、白细胞是如何杀菌灭毒的

白细胞是机体与疾病斗争的“卫士”。当病菌侵入动物体内时，白细胞能通过变形而穿过毛细血管壁，集中到病菌入侵部位，将病菌包围、吞噬。白细胞的主要作用是保护身体免受诸如细菌、病毒和真菌等侵入性微生物的破坏。如果体内的白细胞的数量高于正常值，很可能是身体有了炎症。

白细胞可分为两种，有颗粒的和无颗粒的。其中颗粒白细胞还可进一步分为中性粒细胞、嗜酸性粒细胞和嗜碱性粒细胞。而无颗粒白细胞可分为淋巴细胞和单核细胞。

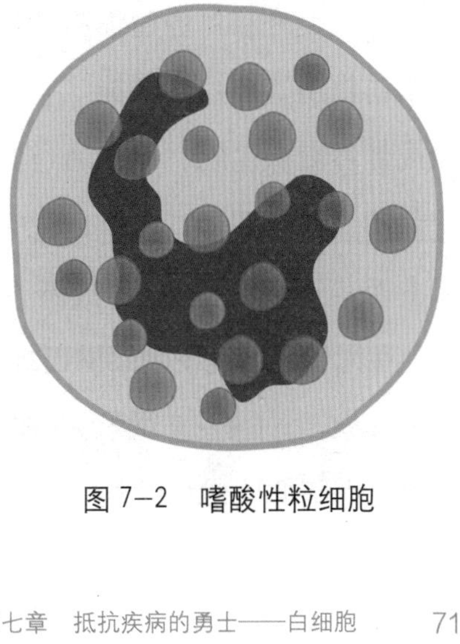

嗜酸性粒细胞（图 7–2）同样形成于骨髓，但数量通常比中性粒细胞少。瑞氏染色，胞质内充满粗大、整齐、均匀、紧密排列的砖红色或鲜

图 7–2　嗜酸性粒细胞

红色嗜酸性颗粒，折光性强。细胞核的形状与中性粒细胞相似，通常有 2 ~ 3 叶，呈眼镜状，深紫色。它们同样具备清除或者吞噬外来微粒的本领。嗜酸性粒细胞能够限制嗜碱性粒细胞在速发性过敏反应中的作用，参与对蠕虫的免疫反应。所以，当动物被寄生虫感染或者患有过敏症状时，该细胞在血液循环中的数量会增加。

最后一种颗粒白细胞是嗜碱性粒细胞（图 7–3）。它们是所有白细胞中最不常见的，在许多血液样本中都没有发现，它的突出特点是胞质内含有少量粗大但大小分布不均、染成蓝紫色的嗜碱性颗粒，胞浆颗粒内含有组胺、肝素和过敏性慢反应物质等。嗜碱性粒细胞在速发型过敏性反应中起了十分重要的作用，其中包括荨麻疹、过敏反应及急性过敏等。

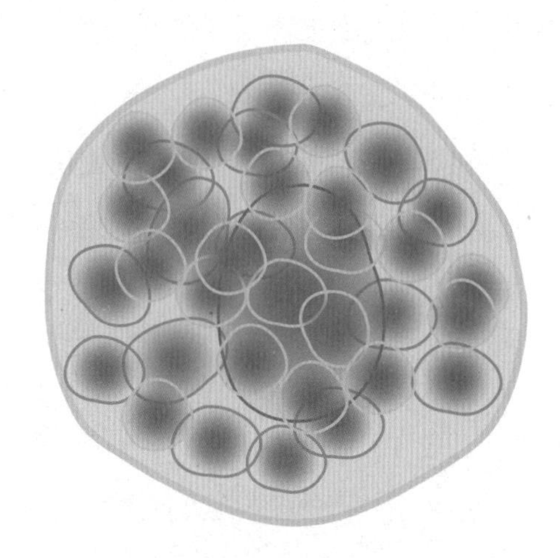
图 7–3　嗜碱性粒细胞

淋巴细胞（图 7–4）是非颗粒白细胞中数量最多的。它们从淋巴结、脾脏等淋巴组织中形成并释放出来。包括 T 细胞、B 细胞和 NK 细胞等亚类，分别介导机体的细胞免疫、体液免疫和对肿瘤细胞和病毒感染细胞的杀伤作用等免疫学功能。它们虽然不能清除或者吞噬微生物，但却通过其他方式履行着保护身体的职能，也就是说它们没有直接攻击而是分泌某种物质（抗体）来消灭入侵者。

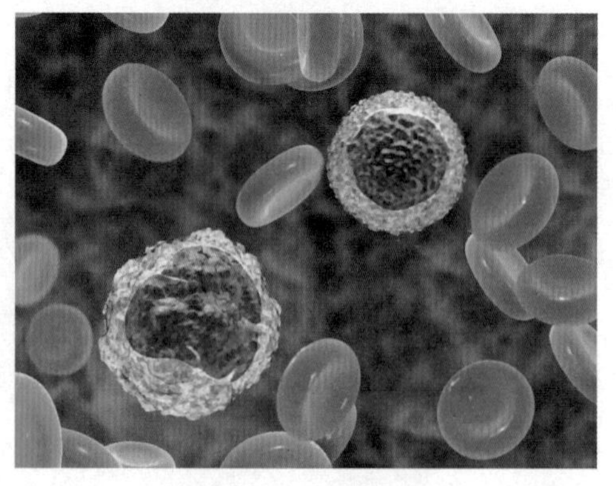
图 7–4　淋巴细胞

在光学显微镜下观察淋巴细胞，按直径不同区分为大（11 ~ 18 微米）、中（7 ~ 11 微米）、小（4 ~ 7 微米）3 种。血液中主要是小淋巴细胞和一定数量的中淋巴细胞。小淋巴细胞的核相对很大，细胞质极少，细胞核内染色质多，染色较深。核圆形深染，核周围浅染，胞质蓝灰色。

根据功能不同，淋巴细胞可以分为两种主要类型，即B细胞和T细胞。以T细胞为主（约占90%），但二者无法通过显微镜观察做出区分。T细胞负责细胞免疫，参与抗肿瘤、抗细胞内的微生物感染、移植排斥和迟发型过敏反应等。B细胞负责体液免疫，它生成的抗体是蛋白质分子，这些蛋白质分子附着在入侵微生物或者其他外来物质和颗粒上，为消灭它们做了标记，参与免疫反应，中和、沉淀、凝集或溶解抗原。可见，淋巴细胞是特异性的免疫细胞，相当于"特种兵"，定点清除某种病原体。

单核细胞（图7–5）来源于骨髓干细胞，是白细胞中体型最大的，分为两个部分，大部队黏附在血管壁（潜伏下来），小部队少数随血液循环，在血中停留2 ~ 3天后即进入组织或体腔内，继而进化成脾、肺、肝和骨髓中的巨噬细胞，寿命可达2 ~ 3个月。单核细胞含有更多的非特异性酯酶，具有更强的吞噬作用。单核细胞可以吞噬进入细胞内的病原体，如病毒、疟原虫和细菌等，并可激活淋巴细胞的特异性免疫功能。因此，单核细胞也属于非特异性的免疫细胞，相当于"精锐部队中的精英"，不仅自己勇猛善战，可以调动"特种兵"协同作战，还能变身后长期作战。其升高提示感染较重或持续。另外，它们还分泌各种蛋白质分子用于清扫红肿和发炎组织。

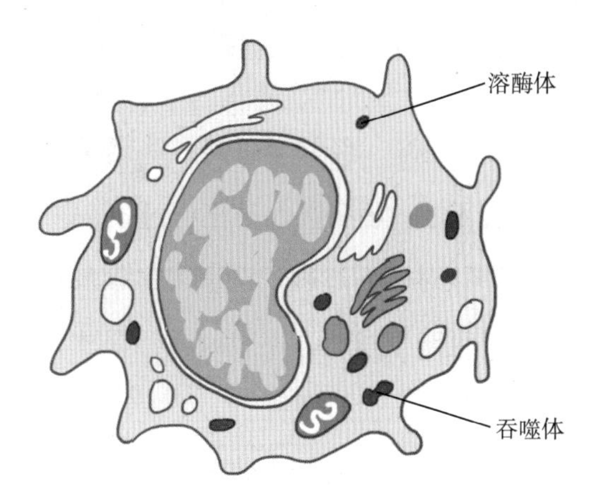

图7–5　单核细胞

简单来说，中性粒细胞和单核细胞就是身体的全能防护队，能杀灭所有入侵机体的病原体，它们的武器就是细胞所释放的溶解酶，来破坏病原体的结构，如果中性粒细胞的对手是病毒，它们的武器无法将其打败，病毒会在中性粒细胞内安营扎寨（寄生），这时中性粒细胞赶紧招呼朋友淋巴细胞来帮忙。淋巴细胞是特异的免疫细胞，通过细胞免疫和体液免疫产生的特异性抗体（制导武器），清除特定的病原体（精准打击）。

嗜酸性粒细胞和嗜碱性粒细胞是动物机体固有的免疫细胞，固有的含义是机体为了防止过敏和寄生虫而产生的，其吞噬作用较弱，但含有的特殊物质能防止过敏性疾病和寄生虫感染，相当于“防化部队”。

五、肥大细胞并不肥大啊

在生活中，经常会碰到一些奇怪的事情，有些人不能吃海鲜，一吃就浑身起疹子，痒得受不了；还有些人对花粉过敏，严重时会引起鼻炎和哮喘；有的小孩对牛奶过敏；有的小孩对面粉过敏。严重的过敏反应会让人休克，甚至有生命危险，比如注射青霉素，一旦产生过敏，不及时救治是非常危险的。

人为什么会过敏呢？

过敏反应主要与人体内的组胺和白三烯含量增多有关。而这两种物质就存储在肥大细胞中。

肥大细胞（图 7–6）呈圆形或卵圆形，它的细胞核小，呈圆形或椭圆形，分布在细胞中央。肥大细胞常分布于神经和血管附近。肥大细胞也是一种粒细胞，存在于血液中的这类颗粒，含有肝素、组胺、5- 羟色胺，当肥大细胞上结合的 IgE 抗体和抗原结合后，细胞崩解。细胞崩解可以释放颗粒以及颗粒中的物质，可在

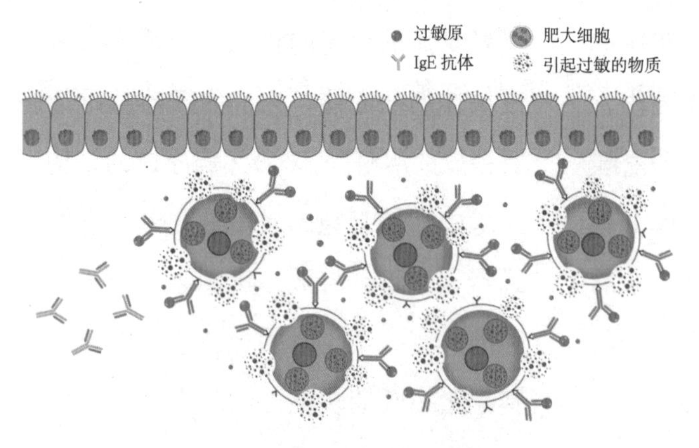

图 7–6　肥大细胞

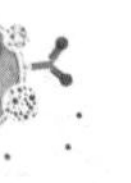

组织内引起速发型过敏反应（炎症）。

肥大细胞来源于造血干细胞，但是由骨髓刚进入外周血液循环系统的肥大细胞仍处于未成熟状态，只有当它们的前体细胞迁移到血管组织或浆膜腔中才能完成分化成熟。在哺乳类以及其他脊椎动物中，肥大细胞广泛分布于整个血管组织，尤其是皮下或皮肤内，以及接近血管、神经、平滑肌、分泌黏液的腺体和发囊部位。肥大细胞主要分布于机体与外界环境相通的地方，如皮肤、气道和消化道，这些部位经常接触到病原体、变应原以及环境中的其他物质。

肥大细胞的寿命更长一些，在适当的刺激条件下，可以再次进入细胞周期并增殖；肥大细胞前体也可大量募集、停留，并在局部成熟，使得肥大细胞群得以扩大。在下列情况下，肥大细胞的数量、局部组织分布以及表型特征可发生变化。例如，对各种感染，尤其是对寄生虫、蠕虫感染出现应答时，在多种适应性免疫应答特别是慢性应答过程中，以及发生持续性炎症及组织重建的状态下应答。

全身或局部组织中的肥大细胞，不论其生存、增殖，还是重要的表型特征，均受到了良好的调控。这些调控包括固有免疫与适应性免疫应答中对各种刺激的易感性、细胞储存和产生分泌性物质的能力，以及对特异性刺激发生分泌性应答的力度。

目前认为，肥大细胞驱动的过敏反应主要是抗原诱导肥大细胞表面 FceRI 受体分子的聚集，引发肥大细胞释放炎症介质的结果。肥大细胞均含有特定的胞质颗粒，其中储存有炎症介质。介质释放到胞外区称为脱颗粒。

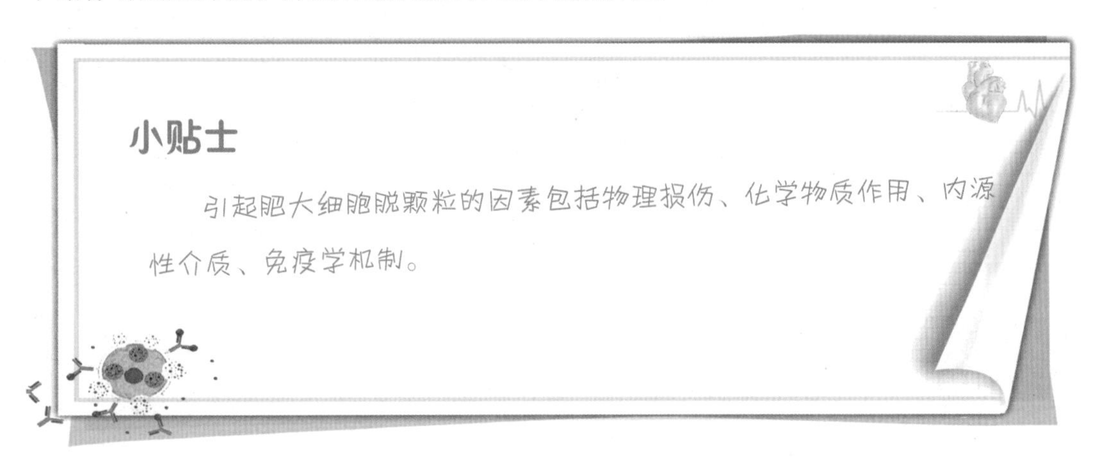

第八章
人体胖瘦的决定者——脂肪细胞

现在的生活条件好了，饮食习惯也发生了变化，肥胖的人也比以前多了。肥胖者多数是因为吃得多、运动少。生物课里应该讲过冬眠现象，一到冬天，熊不太容易找到食物，为了能够生存下去，就会在冬天到来之前，尽量把自己变得胖一些，多存储一些脂肪，用来抵御寒冬。但是人不能冬眠，如果一个人吃了睡，睡了吃，生活没有节制，又不运动，是很容易变胖的，也就是脂肪很容易堆积在体内。

脂肪是一种组织，存在于皮肤下方、内脏周围和肌肉周围，正是因为有了脂肪的存在，当人体遭受外来力量的冲击时才能够进行缓冲，减少对人体的伤害。这也是胖人比瘦人更能抗击打的原因。

脂肪参与很多激素的合成与分泌，在调节细胞代谢上具有重要作用，与炎症、免疫、过敏等重要病理过程有关。如果脂肪含量过低，人体的内分泌系统就有可能会出现问题，身体的抵抗力会下降，免疫功能也会降低。

一、脂肪有用吗

提到脂肪的第一反应就是和胖有关。好像脂肪的作用就是让人发胖，其实这是普通人对于脂肪的一种误解。必须承认，脂肪多了会让人发胖，但是脂肪还是很有用的，人体真是离不开它。

人体内的脂肪细胞（图 8-1）有两种，包括白色脂肪细胞和褐色脂肪细胞。人体内含有大约 300 亿个白色脂肪细胞，从幼儿期开始大量增殖，到青春期时数量达到最高。细胞内含有大量富含脂肪的小泡，称为脂质泡。褐色脂肪细胞，在人体内主要存在于肩胛骨间、颈背部、腋窝、纵隔及肾脏周围，能将脂质分解产热，调节体内脂质比例。

图 8–1　脂肪细胞

脂肪主要以甘油三酯的形式存储在体内，为机体提供能量。1 克脂肪氧化分解所产生的能量是相同质量葡萄糖或蛋白质氧化分解产生能量的 2 倍。脂肪细胞的合成代谢主要包括吸收和合成两个过程，甘油三酯可被肠黏膜细胞分解为甘油和脂肪酸，通

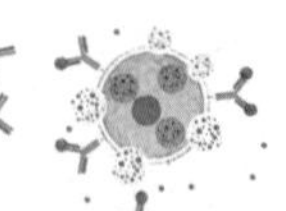

过门静脉进入血液循环，而长链脂肪酸可在肠黏膜细胞重新合成甘油三酯后与载脂蛋白结合成乳糜微粒，通过淋巴管进入血液循环。

脂肪细胞的分解代谢是储存在细胞中的脂肪被脂肪酶逐步水解成游离脂肪酸及甘油，并释放入血液中，被其他组织所氧化利用的过程。当机体需要时，存储的脂肪首先在脂肪酶的催化下分解为甘油和脂肪酸。甘油主要在肝脏被利用，经过生化反应分解供能或转变为糖。脂肪酸的氧化分解可在心、肝、骨骼肌等许多组织细胞内进行。

脂肪细胞还可以分泌一些蛋白激素，其中脂联素是脂肪细胞分泌最多的一种蛋白激素。脂联素可通过肝和骨骼肌细胞中存在的受体，促进糖吸收和抑制肝糖的输出，刺激脂肪的氧化利用，从而直接改善糖脂代谢。脂联素还可多方位抑制动脉粥样硬化性细胞改变，当血管病变产生时脂联素可在受损的血管壁上沉积，扮演消防员角色，对血管内皮起保护作用。

二、脂肪还分颜色啊

白色脂肪细胞形态为单泡脂肪细胞（图 8-2A），即在一个白色脂肪细胞内，90% 的细胞体积被脂滴占据，把细胞质挤到细胞的边缘，形成一个“圆环”样细胞质；并且细胞核也被挤扁、挤平，形成一个“半月”形的细胞核，只占很小的细胞体积。一层薄薄的膜把脂滴和细胞质分开来。细胞质内的细胞器比较少，细胞中心的脂滴 95% 的成分都是甘油三酯，也包含一些游离脂肪酸、磷脂和胆固醇。当人体摄入过多的食物时，会暂时把消耗不完的糖类、脂类转化为甘油三酯，并主要储存在白色脂肪细胞中。人体内 90% 以上的脂肪是甘油三酯，当脂滴内的甘油三酯多了，脂肪细胞的体积就会变大，身体就会被大量的白色脂肪紧紧包裹，就会显得臃肿而笨重。所以，一个人体态臃肿大多时候是白色脂肪惹的祸。

减肥有很多种方式，其中不健康的一种就是节食。人体内保存大量白色脂肪的主要目的是作为备用能量库，当机体需要能量时，白色脂肪能够参加脂肪代谢及时供给能量。而当一个人进行节食减肥时，大脑收到信息并发送给白色脂肪的命令是——遇到了饥荒。一旦有机会吃一点，它们就会拼命吸取，反而储存更多能量。所以节食减肥很容易引起体重的反弹。

每个白色脂肪细胞的大小不同，不同人种、不同性别和不同地理环境下，脂肪细胞可以小至 20 微米，大至 200 微米。为了储存足够的脂质，脂肪细胞的体积最多能增加 1 000 倍。在正常体重的成人中，白色脂肪组织占据体重的 15% ~ 20%，它储存的甘油三酯能释放巨大的热量。

褐色脂肪细胞属于多泡脂肪细胞（图 8–2B），其细胞内散在许多小脂滴，线粒体大而丰富，细胞核是圆形的，位于细胞中央。在成人中，只有零星的、一个个的棕色脂肪细胞散布在白色脂肪组织中，但机体在特殊条件下可以产生棕色脂肪组织。女性、居住于寒冷地区的人群及运动较多的人群含有较多的棕色脂肪。冬泳可诱导出一定的棕色脂肪，可能是因为人体在寒冷的水中需要保持体温。

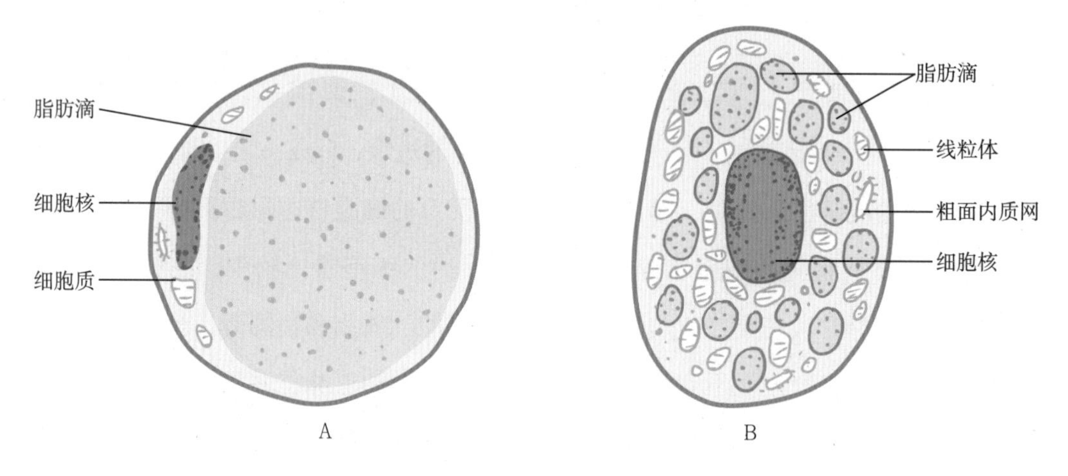

图 8–2　单泡脂肪细胞和多泡脂肪细胞

三、为什么胖人冬天也怕冷

我们都知道胖人夏天很容易出汗，比瘦人更怕热；但是到了冬天胖人应该有优势了吧，是不是应该比瘦人更不怕冷呢？

其实，胖人冬天也是怕冷的。胖人身上有更多的脂肪，应该比瘦人多穿了一件贴身棉袄。按照这个逻辑推理，胖人应该比瘦人更不怕冷才对啊。

那是为什么呢？原来啊，胖人和瘦人机体产热效率是不一样的。有学者研究后提出了产热假说：瘦人有很高的产热效率，而胖人的产热效率却很低。就像汽车的发动机一样，瘦人像一个6缸的发动机，能将汽油完全快速燃烧，并提供很大的加速度；而胖人就像一个4缸的发动机，汽油总是燃烧得不完全，不能提供大的加速度。所以胖人虽然比瘦人多了一个“肉盾”，但由于自身机体将食物转变为热能的效率低，在冬天时产热不足就会常常感觉到寒冷。

另外，也是因为胖人外面披着一件额外的“肉盾”，使他们散热困难，故在炎热的夏季，肥胖者比正常人更怕热。

褐色脂肪在人体内默默地存在着，就像潜伏的地下工作者一样，数量不多而且轻易不发挥作用，只有在关键时刻才会起决定性作用。褐色脂肪会因为人体感觉到寒冷而被激活，当身体需要热量的时候，褐色脂肪组织能将脂肪转化为热量。

许多研究表明，寒冷的环境有助于人体内生成更多的褐色脂肪，增加能量消耗、调节体内脂质比例，燃烧更多能量以保持温度。

婴幼儿产生热能非常快，和大人相比不怕冷。主要原因就是婴幼儿期褐色脂肪所占比例较高，褐色脂肪的主要功能是产生热能，所以它能够帮助早产宝宝驱寒保暖。随着年龄的增长，体内褐色脂肪量逐渐减少。成人体内褐色脂肪的重量一般都低于体重的2%。

四、内脏脂肪是如何危害健康的

内脏脂肪（图 8-3）是人体脂肪中的一种。它与皮下脂肪不同，皮下脂肪用手可以摸得到，而内脏脂肪围绕着人的脏器，主要存在于腹腔内。内脏脂肪对于人的身体是有保护作用的，能够缓冲外界的伤害。适量的内脏脂肪是人体必需的，它可以支撑、稳定和保护人体的内脏。

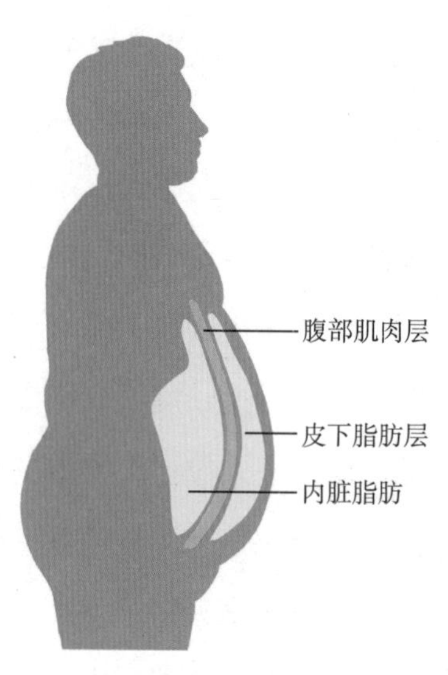

图 8-3　内脏脂肪

过多的内脏脂肪会给人们带来很多危害。当内脏脂肪进入消化系统时，会引发脂肪肝，严重的还会导致糖尿病影响生育。内脏脂肪还会引发心脏病，导致呼吸困难。内脏脂肪过多会增加心血管疾病发生的风险。

白色脂肪主要分布于体内皮下组织和内脏周围。其中，内脏白色脂肪对人体危害最大，其释放出的化学物质会引起胰岛素抵抗和慢性炎症，增加心血管疾病和糖尿病等多种疾病的发病风险。

很多内脏脂肪多的人体型偏胖，还有一些看着不胖的人内脏脂肪也很多，但是他们觉得自己不胖，意识不到内脏脂肪的危害（图 8-4），认为只

图 8-4　内脏脂肪的危害

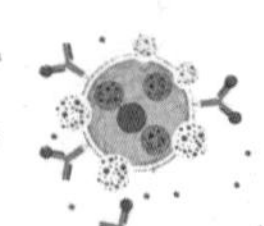

有胖人才需要减肥。其实只要内脏脂肪超标，都需要给自己的内脏“减减肥”，尤其是坐办公室的人和代谢慢的中老年人。

那么，如何减少内脏脂肪呢?

首先要多进行有氧运动，如游泳、慢跑。日常生活中能走路，就不坐车；能站着就不坐着，多爬楼梯。还要健康饮食。

五、没有脂肪会怎么样

脂肪太多对人体是不好的，但是真的没有了脂肪，却会更危险。脂肪的存在其实是对人体有益的一个方面。

脂肪是人体细胞的基本组成单位，没有脂肪，细胞也无法存活。脂肪可以提供能量，保障细胞的正常代谢。皮下脂肪可以缓冲外力对身体的伤害，脸部需要脂肪的填充，如果没有脂肪，人的皮肤会直接贴在肌肉上面。人离不开脂肪，内脏没有脂肪的保护和支撑，会在腹腔来回游荡，很容易受到伤害。

脂肪过少，还会引起人的记忆衰退，因为大脑工作的主要能量来源于脂肪，它能刺激大脑，加速大脑处理信息的能力，增强短期与长期记忆。反之，如果人体内脂肪摄入量和存储量不足，机体营养缺乏，会使脑细胞受损严重，将直接影响记忆力，我们就会变得越来越健忘。

脂肪过少，还会引起脱发，头发的主要成分是一种被称为鱼朊的蛋白质和锌、铁、铜等微量元素。如果体内脂肪和蛋白质均供应不足，头发就会频繁脱落、断发，发色变得枯黄，失去光泽，不易梳理。

褐色脂肪最主要的功能就是产生热量来保持体温，而激活褐色脂肪最简单的方法就是“冷”。于是，一些人便进行低温体验，如冰浴，以增加褐色脂肪含量，但是目前仍然没有证据表明它的具体效果，而且这种方法对许多人来说并不舒服，建议不要轻易尝试。

有研究显示，积极运动可以让皮下白色脂肪代谢更快、更活跃，有助于变成褐色脂肪，这一过程称为“白色脂肪褐色化”；运动可以增强褐色脂肪中一种酶的活性，从而达到动员褐色脂肪的目的。当它们被激活时，便会增加我们的新陈代谢，从而降低血液中的葡萄糖含量，以达到减少脂肪堆积，更高效燃脂的目的。

动员褐色脂肪的益处极多，如促进脂肪分解、提高燃脂效率是不错的减脂办法，还可稳定血糖、增强胰岛素敏感度等。

总的来说，科学的饮食、适量的运动、健康的生活习惯，才是保持身材、防止肥胖的长久之计。

第九章 移动的长城——皮肤细胞

人体有一道天然保护屏障——皮肤，它防止了细菌和有害物质进入体内，降低了人体内部组织所受到的伤害。

“皮之不存，毛将焉附。”如果皮肤受到损害，那么附着在皮肤上的毛发将没有生存的空间。人体的毛发除了可以保持体温外，还能保护躯体免受创伤和昆虫叮咬。现代社会，人类居住在舒适的住房里，穿着暖和的衣物，可以抵御寒冷，所以身上的毛发早已显得不那么必要了。现代女性为了美观，还会使用脱毛膏去除毛发。但是，不是所有毛发都不重要，人体还存在一些发挥特殊作用的毛发，例如：防止紫外线伤害头皮的头发、保护眼睛的眉毛和睫毛、减少腋部摩擦的腋毛。

皮肤的光泽健康与皮肤细胞的健康是分不开的。只有更多地了解皮肤细胞的结构和功能，才能更好地爱护皮肤。

一、皮肤有哪些作用

皮肤作为哺乳动物最大的器官，是机体与外界接触的保护屏障，具有复杂的组织结构和多重生理功能。人的皮肤分为表皮和真皮。表皮是皮肤的浅层结构，由复层扁平上皮构成。从基底层到表面可分为 5 层，即基底层、棘层、颗粒层、透明层和角质层（图 9–1）。

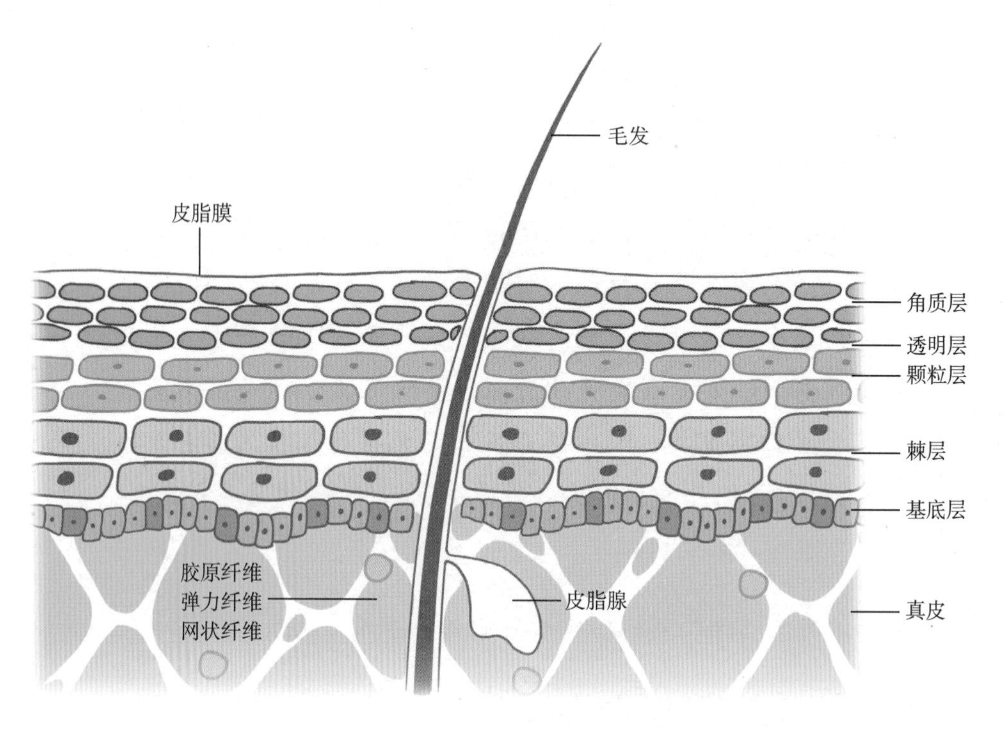

图 9–1　皮肤结构

皮肤具有 7 种重要的功能。

1. 皮肤可以分泌汗水和皮脂

分泌汗水：人体一直都在分泌汗水，通常情况下，肉眼是无法看到的，为不感知发汗；另一方面，精神紧张时出汗，这是感知性发汗。

分泌皮脂：皮脂的分泌与体内雄性激素及感情中枢神经有关；皮脂沿着毛孔排泄

至皮肤表面，和汗水混合在一起，在皮肤表面形成一层薄膜，即皮脂膜，它能防止皮肤干燥，起保护皮肤的作用。

2. 皮肤具有吸收的作用

皮肤本身没有积极、主动的吸收功能；皮肤吸收更多的是指角质层的吸收，角质层可以发挥半透膜的作用，在一定的条件下，水分可以通过；角质层以上呈酸性，颗粒层以下呈碱性。当酸碱平衡，也就是正负电子平衡时，会在角质层和颗粒层之间形成一层天然屏障，起到一个屏障的作用，把外界的异物阻隔到角质层以外；但特定性质的物质或经过特殊处理的物质是可透过皮肤被吸收的。

3. 皮肤的保护作用

（1）对外保护。表皮角质层中的角蛋白具有柔软、丰富的弹性，对机械性外力的保护作用，能防止外界刺激。

在皮肤的表面，由汗水与皮脂形成一层酸性的薄膜，这层酸膜与角质层的角蛋白共同抵制各种化学性刺激，以保护皮肤。

皮肤表面的酸膜 pH 值为 4.5 ~ 6.5，具有杀菌、阻止细菌繁殖的作用，这种保护作用也称为皮肤的自我净化。当皮肤受到紫外线刺激时，分泌的黑色素以及血色素中血红蛋白起到保护肌肤的作用。

（2）对内保护

1）抗体作用：皮肤对从外部入侵的病菌及其他异物，能够产生抗体，提高免疫力。

2）免疫反应：当细菌及其他各种异物进入皮肤内时，身体为自保而产生的一种抗体反应，保护能力。

3）过敏反应：皮肤与外用药、彩妆、护肤品接触时，为抵抗异物会产生抗体，因强度的不同会出现过敏反应，这就产生了接触性皮肤炎。

4. 皮肤具有知觉的作用

皮肤为五感器官其中之一，具有触、冷、热、痛等知觉，传至知觉神经—脊髓—脑干—视床—大脑皮质。另外，痒也视为痛觉神经。

5. 皮肤具有呼吸作用

皮肤也具有吐出二氧化碳、吸收氧气的呼吸作用。通过皮肤毛孔的呼吸占呼吸的1%。

6. 皮肤可以调节体温

皮肤表面的血管扩张，血流增加，皮肤散热；皮肤血管收缩，减少散热。

7. 表情作用

利用皮肤血管的扩张、收缩，脸部表情肌肉的牵动来表达喜、怒、哀、乐的感情变化。

二、瘢痕是如何形成的

在成长的过程中，每个人都会受伤，伤口愈合后会结痂，结痂脱落后就会留有瘢痕。瘢痕是各种创伤后所引起的正常皮肤组织的外观形态和组织病理学改变的统称。它是人体创伤后，在伤口或创面自然愈合过程中的一种正常的生理反应，也是创伤愈合过程的必然结果。瘢痕的本质是一种不具备正常皮肤组织结构及生理功能的，失去正常组织活力的、异常的、不健全的组织。

瘢痕组织的主要成分是纤维蛋白。瘢痕组织胶原的产生和沉积增加了伤口的强度，从一般意义上来说是有益的。如果瘢痕组织形成不充分，受损组织得不到正常的张力，由此可以引发许多并发症。

瘢痕是代表皮肤曾受到创伤后的痕迹。这种创伤可能是外伤造成的，也可能是手术引起的，只是因创伤程度不同、愈合过程平顺与否及伤口在人体上位置不同，所形成的瘢痕便有明显的大小、程度的差异。除了外观的影响，事实上有不少的瘢痕会有令人难受的瘙痒、疼痛及干裂等症状，若不幸产生瘢痕挛缩，更会进一步影响四肢关节活动或五官的正常功能，这些瘢痕就需要治疗。

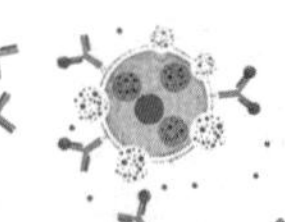

三、青春痘是什么

青春痘就是痤疮，其发病主要与性激素水平、皮脂腺分泌过多、细菌感染、毛囊皮脂腺导管的角化异常及炎症等因素有关。随着青春期的到来，再加上生活、饮食的各种习惯问题，导致了青春痘反复增长，这很大程度地影响了面部的美观，有时候还会令人产生自卑的心理。

青春痘的发生与皮脂分泌过多、毛囊皮脂腺导管堵塞、细菌感染和炎症反应等因素密切相关。进入青春期后，人体内雄激素的水平迅速升高，促进了皮脂腺的发育并产生大量皮脂。与此同时，毛囊皮脂腺导管的角化异常造成导管堵塞，皮脂不能及时排出，形成角质栓即微粉刺。毛囊中多种微生物大量繁殖，产生的脂酶分解皮脂生成游离脂肪酸，同时趋化炎症细胞和介质，最终诱导并加重炎症反应。

皮肤损伤多发生于面部及上胸背部。青春痘的非炎症性皮肤损伤表现为开放性和闭合性粉刺。闭合性粉刺（又称白头）的典型皮肤损伤是约 1 毫米大小的肤色丘疹，无明显毛囊开口。开放性粉刺（又称黑头）表现为圆顶状丘疹并有显著扩张的毛囊开口。粉刺进一步发展就会演变成各种炎症性皮损，表现为炎性丘疹、脓疱、结节和囊肿。炎性丘疹呈红色，直径 1 ~ 5 毫米不等；脓疱大小一致，其中充满了白色脓液；结节直径大于 5 毫米，触之有硬结和疼痛感；囊肿的位置更深，充满了脓液和血液的混合物。这些皮损还可融合形成大的炎性斑块和窦道等。炎症性皮快损伤消退后常常遗留色素沉着、持久性红斑、凹陷性或肥厚性瘢痕。

如何预防青春痘呢？

（1）皮肤清理工作要到位。

（2）调理内分泌。

（3）保持良好的饮食习惯。日常生活中良好的饮食习惯也是必不可少的，要少吃高脂肪和高糖类食品，少吃油炸食品及刺激性食物，多吃水果和蔬菜，防止便秘和消化不良。

（4）保持充足的睡眠。每天都应该

养成早睡早起的好习惯。只有保持良好的作息习惯，才不会导致内分泌失调，从而反复地长青春痘。

（5）保持愉悦的心情。

（6）提高免疫力。平常要多注意营养的搭配，多吃蔬菜、水果以及含有丰富蛋白质类的食物，提高人体的抵抗力，同时也要加强身体锻炼，强健体魄，提高免疫力。

四、被狗咬了怎么办

每年都会有很多人被狗咬伤而就医，有的伤情严重，有的只是破了点皮。不管是被陌生的狗咬的，还是被自家养的狗咬的，一定要在 24 小时之内打狂犬疫苗。

被狗咬伤后要及时（最好是在咬伤后几分钟内）对伤口进行清洗消毒，对预防狂犬病具有非常重要的意义。先用 3% ~ 5% 的肥皂水或 0.1% 的新洁尔灭消毒后再用清水充分洗涤；对较深的伤口，用注射器伸入伤口深部进行灌注清洗，做到全面彻底。再用 75% 乙醇消毒，继而用浓碘酊涂擦。局部伤口处理得越早越好，即使延迟 1 ~ 2 天甚至 3 ~ 4 天也不应忽视局部处理，此时如果伤口已结痂，也应将痂去掉后再处理。

伤口不宜包扎、缝合，开放性伤口应尽可能暴露。如果伤口必须包扎缝合（如侵入大血管），则应保证伤口已彻底清洗消毒并已按上述方法使用抗狂犬病血清。必要时使用抗生素或精制破伤风抗毒素。如果是严重咬伤者，伤口周围及底部需注射抗狂犬病血清，或使用狂犬病免疫球蛋白。

狂犬病疫苗是路易·巴斯德（Louis Pasteur，1822—1895 年）（图 9–2）最伟大的发明。狂犬病是最可怕的传染病之一，致死率 100%，在狂犬病疫苗问世前，人们被狗咬伤后的处理办法是到铁匠铺烫烧伤口，非常痛苦且效果不佳。

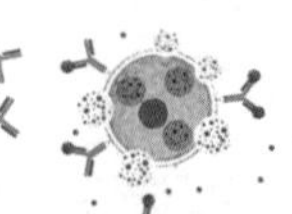

图 9–2　炭疽疫苗和狂犬疫苗发明者——路易·巴斯德

1880 年底，一名兽医带着两只病犬来拜访巴斯德，探讨用病犬的唾液能不能制成狂犬病疫苗。巴斯德决定试一试，于是他和助手冒着被咬伤传染的风险收集病犬唾液，并把它注射到其他狗身上，但没多久健康的狗也被传染死亡了。

类似的动物试验做了无数次，巴斯德推断出狂犬病病毒应该集中在神经系统，于是进行了下一个有划时代意义的试验。他取出一段患狂犬病兔子的脊髓，放在一个无菌烧瓶中干燥，干燥后脊髓中的狂犬病毒已经失去活性。于是他把干燥后的脊髓研磨成粉，和蒸馏水混合，制成了最初的狂犬病疫苗。又经过反反复复的验证之后，巴斯德发现未经干燥的脊髓溶液注射进狗的身体，狗必死无疑；经过干燥处理后的脊髓溶液注射进狗的身体，狗不仅安然无恙，而且还能抵抗狂犬病。巴斯德终于高兴地向世界宣布，狂犬病疫苗研制成功，这个致死率 100% 的难题被人类攻克了！

1885 年，一位绝望的妇女带着 9 岁的儿子来找巴斯德，儿子被狗咬伤已经四五天，请求巴斯德救救他。巴斯德为他注射了自己研制的狂犬病疫苗，这是历史上往人体内注射的第一针狂犬病疫苗，在后续 10 天里又继续注射了十几针不同毒性的疫苗。1 个月过去了，小男孩安然返乡。此事引起了轰动，国内外的患者纷纷来找巴斯德求救。

五、为什么要洗澡

皮肤是人与外界环境接触的第一道防线，保护着人体不受外界有害物质的刺激和伤害。皮肤的表皮在皮肤表面，分为角质层和生发层两部分。已经角质化的细胞组成角质层，脱落后就成为皮屑。皮肤细胞更厉害的地方是，生发层的细胞每天都在不断地增生，用以替代脱落的角质层细胞。

皮肤的代谢周期为 28 天，一个新生细胞从基底层上移到透明层，需要 14 天，角质层从形成到脱落，需要 14 天。为了维持这个周期，基底层新产生的细胞将成长为角质细胞，等到其完成自己的使命后才会脱落。这时细胞脱落了这一信息就会传递给基底层，然后基底层又会产生新的细胞（图 9–3）。

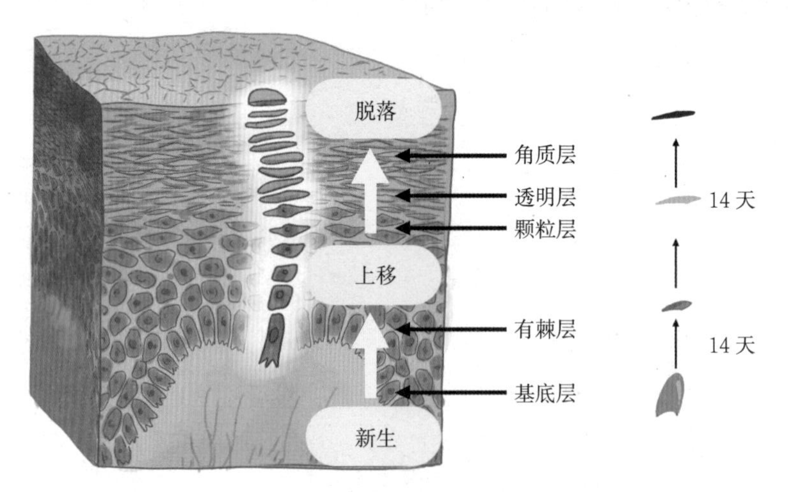

图 9–3　皮肤的新陈代谢

用肉眼看自己的皮肤，感觉很干净。但是在显微镜下，就会发现皮肤与外界进行接触的表面会分泌许多油脂、汗液，分化出老死细胞等有机物，它们与外界细菌、水、灰尘等混合在一起，给大量微生物提供了繁殖的温床，并且皮肤毛孔会被堵塞，导致汗液无法排出，汗液调节功能失衡。另外细菌也会吞噬皮肤营养物质，导致皮肤受损，病原菌乘虚而入，造成皮肤病等。如果长时间不洗澡会使人身体在微生物作用下产生臭味。所以要经常洗澡，保持身体卫生。

有些人喜欢泡澡，但是泡澡的时间不宜过长，如果泡在水里时间太长，会使皮肤表面失去油脂保护，从而产生干燥、瘙痒等症状，还会引起皮肤发皱、脱水等情况。

洗澡时的水温不宜太高，如果水温太高，会破坏皮肤表面的油脂，导致毛细血管扩张，加剧皮肤干燥的程度。

皮肤在冬季时干燥脆弱，洗澡时避免使用清洁能力强的浴液，否则会加重损害皮肤的保护层，加重皮肤问题。所以在冬季洗澡的时候，宜选择温和的洗浴用品，以减弱对肌肤的刺激。

很多人认为洗澡越勤，身体才会越干净。其实不然，皮肤瘙痒也容易盯上这些“勤洗澡族”。洗澡过勤，会把皮肤表面分泌的油脂及正常寄生在皮肤表面的保护性菌群洗掉，容易伤害到皮肤的角质层，由此导致皮肤瘙痒，皮肤的抵抗力也会减弱，反而容易得病（图 9–4）。洗澡时不要用力搓洗，用力过大会损坏皮肤的表皮，细菌、真菌就会乘虚而入，造成皮肤感染。

图 9–4　洗澡太勤伤害皮肤

第十章
生命的源头——生殖细胞

人类的生命是需要不断传承的，只有不断繁衍出新的生命，人类才能不断地壮大。生育是人类繁衍后代、维持种族延续的需求，也是生命活动的开始。

在整个生命诞生的过程中，精子细胞和卵子细胞是非常重要的两种细胞，只有它们都是健康的细胞，才有孕育出健康宝宝的基础。

一、精子细胞是在哪里出生的

人体的生殖系统是人类繁殖后代，分泌性激素，维持第二特性（副性征）的器官的总称。男性生殖系统中最重要的器官是睾丸。睾丸是男性生殖腺，左右各 1 个，形状为卵圆形，由精索将其悬挂于阴囊内，长 4 ~ 5 厘米，厚 3 ~ 4 厘米，各重 15 克左右。是产生雄性生殖细胞（即精子）的器官，也是产生雄性激素的主要内分泌腺。

睾丸表面有一层厚的致密结缔组织膜，称白膜。白膜的内侧是疏松的结缔组织，里面有着非常丰富的血管，称血管膜。睾丸的白膜在其背侧增厚，并向睾丸内陷入，构成睾丸纵隔。纵隔呈放射状伸入睾丸实质，把睾丸分成若干小叶。每个小叶内含有 1 ~ 3 个弯曲的曲细精管，它在小叶顶端汇合成为一个短而直的精直小管，进入纵隔，在纵隔内这些小管彼此吻合成网，形成睾丸网，由睾丸网发出 12 ~ 13 条弯曲的小管，称睾丸输出管，它们穿出白膜进入附睾头中。曲细精管之间有间质细胞可以分泌雄性激素，促进男性生殖器官和男性第二性征的发育及维持。曲细精管上皮细胞具有产生精子的作用，曲细精管互相结合成精直小管，是精子输送的管道系统，最后汇集、合成一条管道进入附睾头部，通过输精管排出体外。

附睾是附睾管在睾丸的后缘盘曲而形成，小管之间有纤细的纤维组织和蜂窝组织，分头、体、尾 3 个部分。睾丸头由输出管构成，管壁由假复层的柱状上皮细胞构成，含有两种细胞，一种是有纤毛柱状上皮，另一种是低柱状的分泌细胞，细胞高矮交互排列，所以管腔不规则而呈锯齿状。附睾的体部与尾部是由附睾管组成，此管由假复层柱状纤毛上皮构成，上皮高矮一致，所以管腔规则。附睾外形是细长扁平状，又似半月形，左右各一，长约 5 厘米，附于睾丸的后侧面。附睾有储存和排放精子、促使精子成熟和分泌液体供给精子营养的作用。上述生理功能是通过附睾上皮细胞的吸收、分泌和浓缩功能来完成的。

精索是从睾丸上端至腹股沟管腹环之间的圆索状物。精索起于腹股沟内环，终止

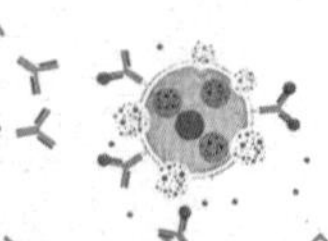

于睾丸后缘，为系悬睾丸和附睾的柔软带，左右各一个，全长约 14 厘米。精索内包含输精管、动脉、静脉、神经及蜂窝组织。动脉有睾丸动脉、输精管动脉及提睾肌动脉。静脉为蔓状丛。精索是睾丸、附睾及输精管血液、淋巴液循环通路，也是保证睾丸的生精功能及成熟精子输送的主要途径。输精管是精索内的主要结构之一，起于附睾尾部，经腹股沟管入骨盆腔。输精管于输尿管与膀胱之间向正中走行，其末端膨大扩张形成输精管壶腹，最后与精囊管相汇合。输精管是把精子从附睾输送到前列腺尿道的唯一通路。

精囊腺是一对扁平长囊状腺体，左右各一个，表面凹凸不平呈结节状，位于输精管末端外侧和膀胱的后下方，其末端细小为精囊腺的排泄管，与输精管的末端汇合成射精管，在尿道前列腺部开口于尿道。精囊长 4 ~ 5 厘米，宽约 2 厘米，容积约 4 毫升。精囊为屈曲状的腺囊，其分泌液主要为精浆液，占精液的 70% 左右，对精子的存活有重要作用（图 10–1）。

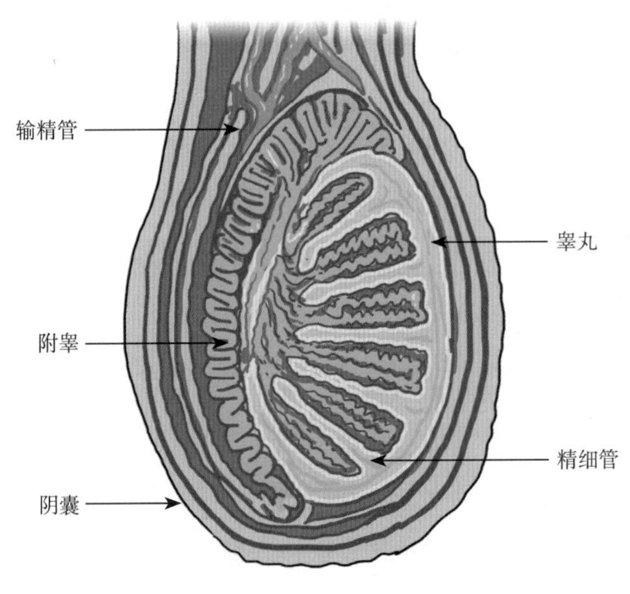

图 10–1　睾丸与附睾的模式

精液由精子和精囊腺、前列腺分泌的液体组成，呈乳白色。

阴囊是由皮肤、肌肉等构成的柔软而富有弹性的袋状囊，把睾丸、附睾、精索等兜在腹腔外、两胯间。阴囊内有阴囊隔，将阴囊内腔分成左右两部，各容纳一个睾丸和附睾。当遇到冷、运动或性刺激时，阴囊的肌肉就会收缩，以拉高阴囊内的睾丸，以便靠近身体。这种使睾丸更靠近或更远离身体的移动，对睾丸来说是很重要的。因为睾丸周围环境温度必须维持在比体温稍低的温度中，过冷或过热都会造成精子细胞的减少。若长期暴露在过冷的环境中，可能就会造成不育，也会增加得睾丸癌的概率。

睾丸的主要功能是产生精子和分泌男性激素（睾酮）。精子与卵子结合而受精，是繁殖后代的重要物质基础，睾酮则是维持男性第二性征的重要物质。睾丸在胚胎早期位于腹腔内，准确说是位于腹股沟管内环处，以后逐渐下降，到第 7 个月时，睾丸快速通过腹股沟管而降至阴囊中，睾丸以上部位则闭锁。睾丸在下降至阴囊的过程中，可能出现各种异常情况，如鞘膜突不闭锁或闭锁不完全，则发生鞘膜积液、精索囊肿、疝气等。如睾丸下降不完全而停止在腹腔中或腹股沟管中，称为睾丸下降不全，或称隐睾；如睾丸在下降时未至阴囊而偏移到其他部位，称为睾丸异位。睾丸的位置不正常，则影响精子的生成和发育的质量。

附睾的主要功能是促进精子发育和成熟，以及储存和运输精子。精子从睾丸曲细精管产生，但缺乏活动能力，不具备生育能力，还需要继续发育以至成熟，此阶段主要在附睾内进行。

输精管具有很强的蠕动能力，是因为其管壁的肌肉很厚，主要功能是运输和排泄精子。在射精时，交感神经末梢释放大量物质，使输精管发生互相协调而有力地收缩，将精子迅速输往射精管和尿道中。当输精管发生炎症或堵塞时，精子就不能排出而造成男性不育症。同理，当男性节育时，也可以进行结扎输精管手术。

精囊的主要功能是分泌一种黏液，既不产生精子，也不储存精子。当精囊发生炎症或身体健康不佳时，则影响精囊分泌功能，苷糖含量减少，减弱精子的活动能力，甚至导致精子死亡，而造成男性不育症。

精索的主要功能是将睾丸和附睾悬吊于阴囊之内，保护睾丸和附睾不受损伤，同时随着温度变化而收缩或松弛，使睾丸适应外在环境，保持精子产生的最佳条件而使

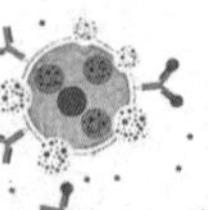

睾丸不随意活动。当外伤或感染而引起精索病变时，可以破坏睾丸和附睾血液供应的特殊性，进而影响睾丸和附睾的功能；当精索的淋巴管发生堵塞时，也可造成睾丸和附睾功能减退；当精索静脉曲张时，精索静脉内血液瘀滞，则影响睾丸局部血液循环，致使睾丸内血氧减少，酸碱度改变，造成畸形精子增多，精子数量下降、精子活动度减退等。因此说，精索是睾丸的“生命线”。

阴囊的主要功能是调节温度，保持睾丸处于恒温环境。阴囊皮肤薄而柔软，含有丰富的汗腺和皮脂腺，在寒冷时，阴囊收缩使睾丸上提接近腹部，借助身体热量而升高温度，在炎热时，阴囊松弛使睾丸下降，拉长与腹部的距离，同时分泌汗液以利于阴囊内热量散失，使睾丸温度下降。睾丸产生精子和精子成熟过程中，需要在 35 摄氏度左右的温度环境中进行，人体体温为 37.2 摄氏度左右，阴囊收缩时保温，松弛时降温，因此可以说，阴囊是睾丸的“恒温箱”。当阴囊发生病变时，恒温环境受到破坏，则不利于精子的生成和发育，影响精子的质量。

二、生精细胞包括哪几种细胞

中国有个寓言叫“愚公移山”。讲的是几千年前，一个交通不便的山村里有位叫愚公的老人，下决心将挡在家门口的两座大山移走。亲戚和邻居都说不可能，但他依然带着子孙日复一日挖土移山。愚公认为，山不会再增高了，而子子孙孙是没有穷尽的，总有一天会把山搬走的。

这个寓言故事认为人会有自己的子孙，会不停地繁衍下去。但是实际上，人类的生殖繁衍并不是一帆风顺的。随着社会的发展，生存环境的变化，人类的生育成了一大难题。如何能生育自己的子女？如何能生育健康的孩子？这些问题都是当代医学迫切需要解决的难题。

男性的生精细胞包括 5 种细胞，即精原细胞、初级精母细胞、次级精母细胞、精子细胞和精子。这是一个连续的分化发育过程，也称为精子发生（图 10–2）。

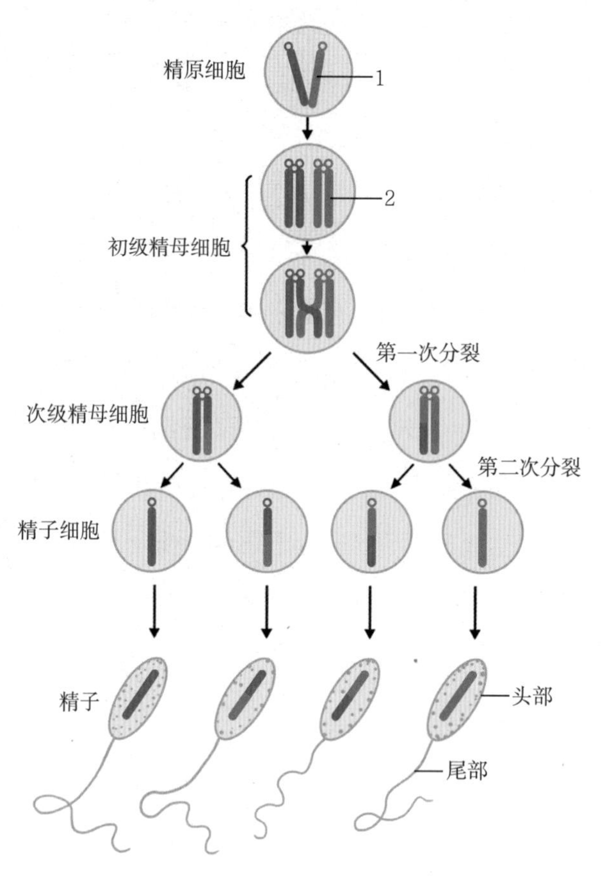

图 10–2　精子发生

精原细胞属于雄性生殖细胞的早期发育阶段，能不断地进行有丝分裂，增加细胞数量，并分化为精母细胞。精原细胞在男性的一生中具有几乎无限分裂的能力，而且分裂过程中能够保持原有的基因性状不变，这是令人惊奇的！

精母细胞位于生精上皮中层，分初级精母细胞和次级精母细胞两种。各种精母细胞又处于细胞周期的不同阶段，因此在切片上可看到不同形态的精母细胞。

精子细胞靠近管腔，核圆形，体积较小。精子细胞不再进行分离，它经过复杂的形态变化直接变成精子。

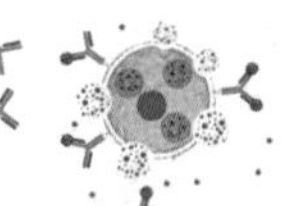

三、睾丸中是谁在支持生精细胞

支持细胞呈不规则圆锥形，底部附着在曲细精管的基膜上，向管腔方向伸展，顶端伸入管腔，四周有各种不同发育阶段的生精细胞，越靠近管腔的生精细胞则越趋于成熟，科学家推测支持细胞与生精细胞的生长有关（图 10–3）。

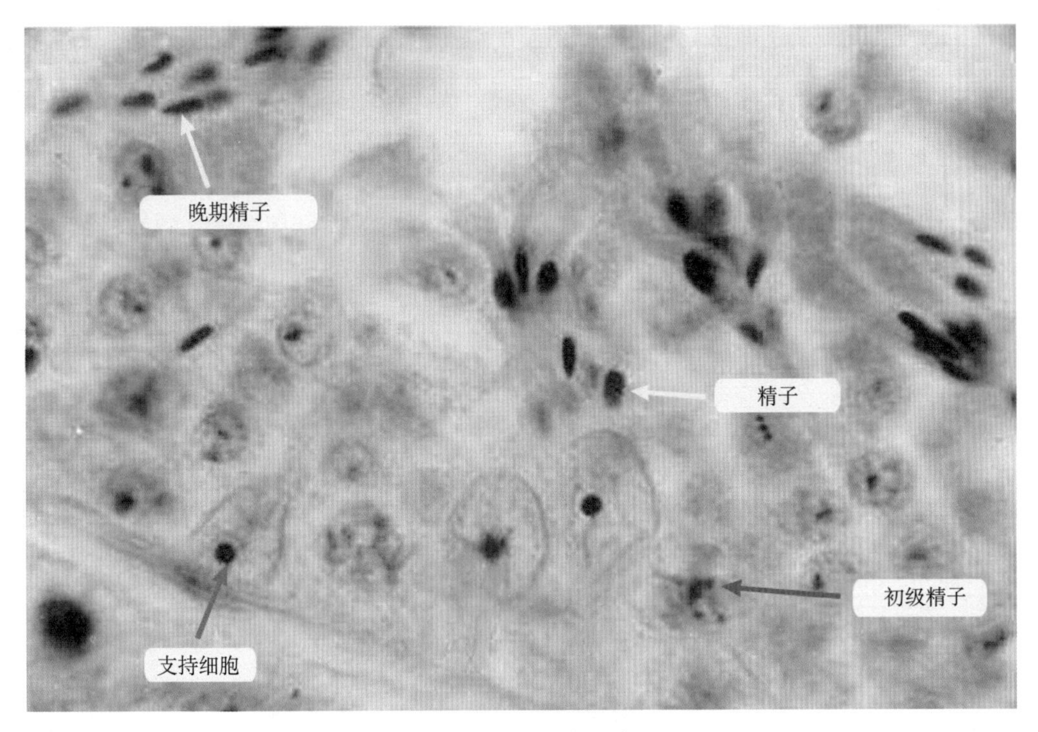

图 10–3　支持细胞

支持细胞有一个发育成熟的过程。青春期前的支持细胞属于未成熟型。至青春期，随着生精小管管腔的出现，未成熟型支持细胞转化为成熟型支持细胞。未成熟型支持细胞具有较强的吞噬能力，并能抑制精原细胞完成减数分裂。成熟型支持细胞没有细胞分裂的能力。

支持细胞伸出一些细长的突起，包围着各级生精细胞，所以对生精细胞起着一种机械支持作用。此外，支持细胞具有多种生理功能，对生精细胞也起保护和运输营养的作用。生精上皮中没有血管，生精上皮底部可以从管腔外周的结缔组织直接取得营养，但近管腔部则必须借助于支持细胞的运输才能获得营养物质。

在光学显微镜下，支持细胞轮廓不清楚，细胞核呈椭圆形、三角形或不规则形，染色较浅，核仁明显。

在电子显微镜下可以观察到，相邻两个支持细胞在靠近基底部紧密连接，基底部又与曲细精管的基膜紧密相贴，这是构成血睾屏障的主要结构基础。紧密连接的存在把曲细精管的上皮分隔为基底部与管腔部，在基底部的生精细胞较为幼稚，其营养靠间隙的血管供给，间质血管中的各种营养物质可以通过基膜直接供给基底部的生精细胞，但它们不能全部通过紧密连接而达到管腔部，如白蛋白、胆固醇难以通过，促性腺激素与性激素可以通过，糖、脂肪酸、氨基酸等易通过。所以，紧密连接起到血睾屏障的作用，使近管腔部处于一个有利于生精细胞分化、发育的微环境，避免生精细胞发生自身免疫反应。

血睾屏障是一道有效的免疫屏障，可防止精母细胞和精子抗原与体内的免疫系统接触，因而不会发生免疫反应。同时，一旦产生了抗精子抗体，血睾屏障亦可阻止血液循环中的抗精子抗体进入曲细精管与精子发生免疫反应。

生精细胞在发育过程中，可生成一些特异蛋白质，如乳酸脱氢酶 X，可与血液中的免疫球蛋白 IgG 结合而使精子凝集，丧失受精能力，血睾屏障不容许免疫球蛋白进入曲细精管的管腔部，可避免生精细胞自身免疫反应发生。

支持细胞与生精细胞的生长发育有密切关系，精子发育所需的能源为促性腺激素,促性腺激素储存在支持细胞内。支持细胞内的促性腺激素含量有周期性变化，与精子发育的不同阶段所需能量有关，当精子细胞发育停止时，支持细胞内促性腺激素堆积；精子发育时，支持细胞内促性腺激素含量降低。所以认为支持细胞对生精细胞的生成起到哺育功能。

支持细胞还能够分泌一种叫抑制素的物质。最初从牛睾丸液中提取物提纯，为一种分子量为 100 000 的物质，能抑制腺垂体卵泡刺激素的分泌，称为抑制素。现已知道卵巢的颗粒细胞也可以分

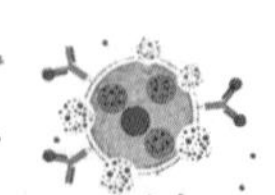

泌抑制素。试验证明睾丸支持细胞分泌的抑制素可以从支持细胞顶部分泌入曲细精管管腔，然后汇入睾丸网并在该处吸收入血；也可从基底部进入间质后吸收入血。但成熟睾丸中 96% 的抑制素是分泌入管腔的，可能与成熟睾丸的血睾屏障日趋完善有关。α 射线破坏生精上皮，雄激素分泌不受影响，但卵泡刺激素分泌明显升高。

有科学家做过一个试验，将支持细胞进行离体培养，然后将培养液加入垂体细胞的培养液中，发现促黄体生成素的生成不受影响，但卵泡刺激素的分泌量明显降低。临床上有人用抑制素能抑制生育，但不影响生育，认为是避孕的一个思路。

雄激素能增强卵泡刺激素维持精子发生的作用。如用抗雄激素制剂则抑制卵泡刺激素的这一作用，说明卵泡刺激素对精子发生的作用可能通过雄激素这一中间环节产生。睾丸支持细胞可分泌雄激素结合蛋白，这是对雄激素有高度亲和力的载体蛋白质。支持细胞分泌的雄激素结合蛋白，小部分经基底膜进入血液；大部分进入曲细精管管腔，再经输出小管到达附睾。所以，附睾内的雄激素结合蛋白水平高于睾丸。生精细胞的发育和成熟需要一定浓度的睾酮，可测定雄激素结合蛋白作为检测睾丸功能的指标。

由于雄激素结合蛋白对雄激素有高度亲和力，间质细胞分泌的睾酮量有一定波动性，雄激素结合蛋白的存在就可使曲细精管管腔内的雄激素维持在一个可利用的稳定水平。缓冲了管内雄激素浓度波动,使雄激素恒定释放,减少波动，利于精子生成；雄激素结合蛋白与睾酮结合后可随睾丸液到达附睾，促进精子的成熟。

支持细胞能吞噬、消化精子形成过程中脱落在管腔的残余细胞质和在发育中部分退化的生精细胞。支持细胞中有大量多形态的溶酶体消化吞噬进入细胞内的物质。有试验证明：将碳粒染料逆行注射入睾丸中，可见到支持细胞具有吞噬功能。支持细胞的吞噬功能对于维持曲细精管管腔内环境稳定有一定的意义。

四、雄激素是哪种细胞分泌的

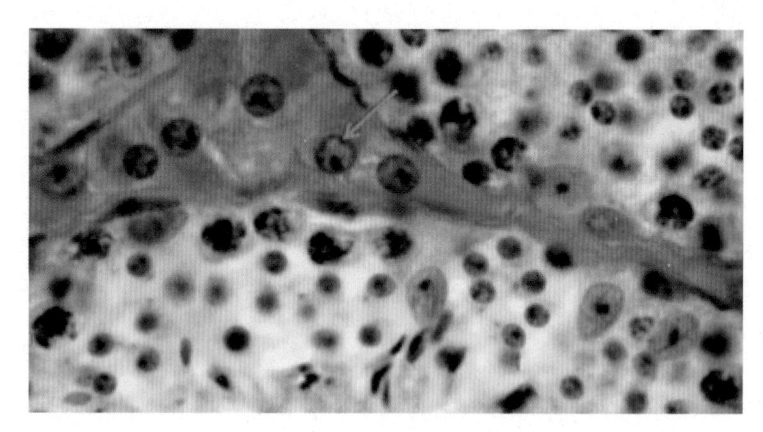

图 10–4　莱迪希细胞

睾丸间质细胞又称莱迪希细胞（Leydig cells）（图 10–4），是睾丸间质中分泌雄激素的细胞。睾丸间质细胞成群分布在曲精小管之间，胞体呈圆形、椭圆形或不规则形，胞体较大，直径约 20 微米，胞质呈嗜酸性，细胞核呈圆形或卵圆形，常位于中央，染色较淡，有 1 ～ 2 个核仁，线粒体多，呈管嵴状，没有分泌颗粒。

睾丸间质细胞是哺乳动物睾丸间质中的一种内分泌细胞，具有合成和分泌睾酮的功能，是男性体内雄激素的最主要来源，其功能受下丘脑－垂体－性腺轴的调控。其分泌的睾酮通过血液循环被运输到身体各个器官，再通过与雄激素受体结合进而在促进胚胎期生殖器官的分化发育、男性第二性征的发育和维持、精子发生、激发性欲以及维持性功能和促进人体的新陈代谢等方面发挥重要作用。

睾丸间质细胞在个体发育过程中存在着两种不同的类型，即胚胎型和成年型。胚胎型睾丸间质细胞在胚胎第 7 ～ 8 周开始在睾丸间质中形成。当胚胎型睾丸间质细胞分化完全后，它的形状由纺锤梭状形向椭圆形转变，并且获得合成类固醇激素的能力。胚胎型睾丸间质细胞与成年型睾丸间质细胞一样，具有丰富的滑面内质网和脂滴，但是它的高尔基体发育不完全，细胞膜的表面有非常多的突起。胚胎型睾丸间质细胞特别容易聚集在一起，细胞周围包裹有胶原和层粘连蛋白，出生后，聚集在一起的细胞逐渐开始分解。

成年型睾丸间质细胞是由睾丸间质干细胞分化而来，分为 4 个阶段，即睾丸间质干细胞、睾丸间质祖细胞、未成熟型睾丸间质细胞和成熟型睾丸间质细胞。

五、卵子是如何形成的

女性的生殖器官中最重要的是卵巢。卵巢作为女性的生殖腺，左右各有一个，位于子宫两侧，在输卵管的后下方，呈扁椭圆形。其大小随年龄而不同。性成熟期最大，其后随月经停止而逐渐萎缩，成人卵巢大小如拇指末节。卵巢的主要功能是产生卵子和分泌女性激素（雌激素、孕激素）。卵子的成熟呈周期性。在一个月经周期中，卵巢内常有几个至十几个卵泡同时发育，但一般只有一个发育成熟为卵子。随着卵泡的成熟，卵巢壁有一部分变薄而突出，排卵时卵泡就从这里破裂排出卵子进入输卵管。在一般情况下，女子自青春期起，每隔 28 天排卵 1 次，每次通常只排出 1 个卵子，排卵一般是在两次月经中间，即下一次月经前的第 14 天左右。女子一生中有 400 ~ 500 个卵泡发育成为成熟的卵子。卵巢产生的雌激素的主要作用是：促进女性生殖器官发育及功能活动，并激发第二性征的出现，突出女性体态，如皮肤细嫩、皮下脂肪丰满、乳房隆起、臀部宽阔等。卵巢分泌的孕激素（又称孕酮、黄体酮）能保证受精卵在子宫“着床”，并维持妊娠的全过程。

女性的输卵管也是左右各有 1 个，为细长而弯曲的圆柱形管道，每条长 8 ~ 14 厘米。内侧端与子宫相连通，另一端呈漏斗状并游离，开口在卵巢附近，卵巢排出的卵子就是从这个开口进入输卵管的。输卵管的主要功能是吸取卵巢排出的卵子，给卵子和精子提供结合的场所，并把受精卵送入子宫腔内。输卵管管壁亦由黏膜、肌层及外膜 3 层组成。黏膜上皮为单层柱状纤毛上皮。纤毛具有摆动功能。肌层的蠕动及纤毛的摆动有助于受精卵进入子宫腔内。

子宫位于盆腔中央，呈倒置的梨形。上部较宽是子宫体，两角与左右的输卵管相通；下部较窄呈圆柱状叫子宫颈。精子进入子宫到达输卵管，并与卵子结合成受精卵（图 10–5），此时子宫内膜不会脱落和出血，等待受精卵的到来，使它在这里着床并发育成胎儿（图 10–6）。分娩时子宫收缩，胎儿娩出。因此，子宫的功能就是产生月经和给胎儿提供生长发育的场所。

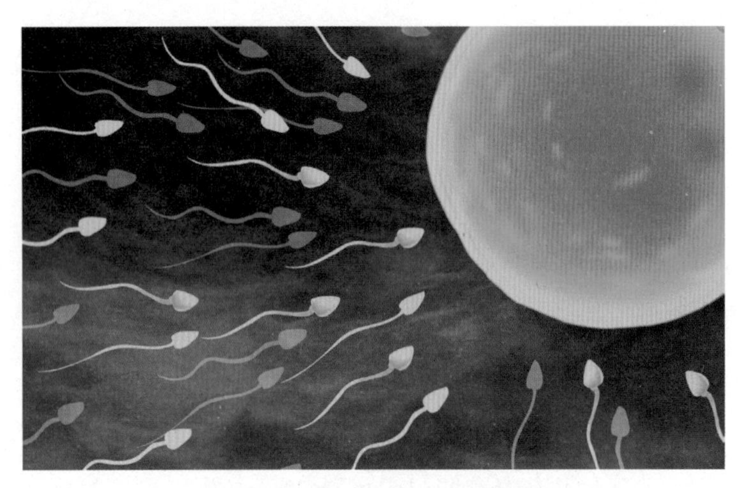

图 10–5　精子细胞奔向卵细胞

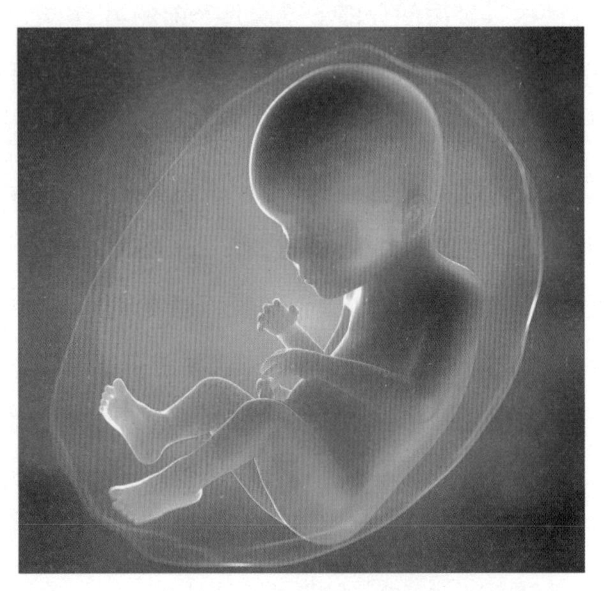

图 10–6　母亲体内的胎儿

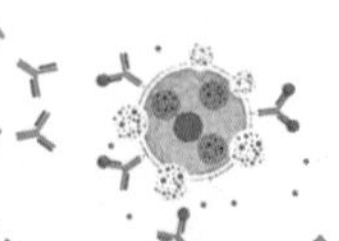

六、受精卵是如何形成的

“十月怀胎，一朝分娩”说的是女性作为母亲，孕育新生命的艰难过程。

胎儿在母亲的子宫体内汲取营养，发育生长，但是胎儿是如何形成的呢？

胎儿是由受精卵发育而成的。受精卵是由父亲成熟的精子和母亲成熟的卵子结合而成。成熟的精子数以亿计，能够与卵子结合并发育为受精卵，可谓亿里挑一。

精子在与卵子结合之前，需要不停地摆动尾巴从而靠近卵子，因此越有活力的精子越容易与卵子结合，活力不足的精子首先被淘汰，失去与卵子结合的机会。

受精卵形成后，开始进行有丝分裂，受精卵在一边分裂的同时一边向子宫里面的方向移动。经过 36 小时后，受精卵在输卵管内分裂为 2 个细胞，72 小时后分裂成 16 个细胞，外形与桑葚相像，所以叫桑葚胚。受精后第 4 天，细胞团进入子宫腔，并在子宫腔内继续发育，这时，细胞已分裂成 48 个细胞，成为胚泡。胚泡可以分泌一种激素，帮助胚泡自己埋入子宫内膜。受精后第 6 ~ 7 天，胚泡开始着床。着床位置多在子宫上 1/3 处，植入完成意味着胚胎已安置，并开始形成胎盘，孕育胎儿了。

七、无法生育怎么办

试管婴儿是体外受精－胚胎移植技术的俗称，是用人工方法让卵细胞和精子在体外受精，并进行早期胚胎发育，然后移植到母体子宫内发育而诞生的婴儿。最初由英国生理学家罗伯特·爱德华兹和产科医生帕特里克·斯特普托（图 10-7）合作研究成功，

图 10—7　罗伯特·爱德华兹和帕特里克·斯特普托

该技术引起了世界科学界的轰动。1978 年 7 月 25 日，全球首位试管婴儿在英国诞生。

1978 年英国专家帕特里克·克里斯托弗·斯特普托（Patrick Christopher Steptoe，1913—1988 年）和生理学家罗伯特·爱德华兹（Robert G.Edwards，1925—2013 年）定制了世界上第一例试管婴儿，被称为人类医学史上的奇迹。

试管婴儿技术是一项结合胚胎学、内分泌学、遗传学以及显微操作的综合技术，在治疗不孕不育症的方法中最为有效。第一代试管婴儿技术，解决的是女性因素导致的不孕。

1988 年 3 月 10 日，中国大陆首例试管婴儿郑萌珠在北京大学第三医院出生。长大后，郑萌珠在北京大学第三医院工作，并于 2019 年在北京大学第三医院生下了自己的孩子。从中国大陆的第一例试管婴儿到成为一名母亲，郑萌珠见证了中国辅助生殖技术在科研和临床应用等方面从“萌发”到“茁壮成长”的过程。

生育力的保护和保存也是辅助生殖技术发展的重点方向之一。放疗、化疗有些会影响卵巢和睾丸的功能。所以在进行肿瘤治疗之前，可对卵母细胞、卵巢组织、精液、胚胎等进行冷冻，让患者在肿瘤治愈后有机会生育健康的孩子。

辅助生殖技术起初主要是面向无子女、有原发性不孕的家庭。随着二胎政策放开，越来越多的家庭希望借助这项技术追生二胎。因此，医生经常会面临相对复杂的治疗状况，比如生育年龄延后并叠加多种可能影响生殖功能的疾病。

试管婴儿的成功率也与年龄有关，女性 35 岁以后开展试管婴儿成功率就会显著下降，40 岁后下降得更加明显，因为通常年龄越大，卵巢功能会相对减退。因此，技术也不是万能的，要理性看待。

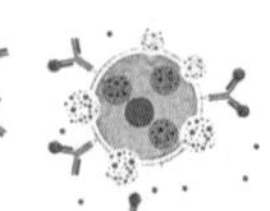

第十一章
人体的净化器——肾细胞

我国传统医学认为“肾是人的先天之本、生命之源，人体生命运动的基本物质都由它化生和储存”。肾好是健康长寿的前提，肾虚是百病丛生的源头。因此自古以来就有“养生必养肾”的说法，养肾也是养生的根本所在。

肾具有非常重要的生理功能，它可以通过生成尿液来维持水的平衡，同时将人体新陈代谢过程中所产生的一些废物排出体外。肾生病最严重的情况是肾功能衰竭，也就是俗称的尿毒症，肾此时已经失去了正常的生理功能，患者除了进行肾透析，就是进行肾移植手术。这种疾病的患者，生活质量很低，不能进行正常的工作，给家庭也会带来沉重的负担。因此，要爱惜肾，不做有害肾的行为。不熬夜、按时睡觉、少喝酒，养成健康的生活方式。

一、肾是什么样子的

肾是人体内非常重要的器官，它的基本功能是生成尿液，便于清除体内代谢产物及某些废物、毒物，同时经肾重吸收功能保留水分及其他对身体有用的物质，如葡萄糖、蛋白质、氨基酸、钠离子、钾离子、碳酸氢钠等，以达到调节水、电解质平衡及维护酸碱平衡的目的。肾还具有内分泌功能，能够生成肾素、促红细胞生成素、活性维生素 D_3、前列腺素、激肽等。肾同时还是人体部分内分泌激素的降解场所和肾外激素的靶器官。肾的这些功能，保证了机体内环境的稳定，使新陈代谢得以正常进行。

肾为成对的扁豆状器官，红褐色，位于腹膜后脊柱两旁浅窝中。长 10 ~ 12 厘米、宽 5 ~ 6 厘米、厚 3 ~ 4 厘米、重 120 ~ 150 克。左肾稍大于右肾，两个肾纵轴像汉字“八”一样，上端偏向内侧、下端偏向外侧，因此两个肾上端距离更近一些，下端反而会相距较远些，肾纵轴与人体的脊柱呈约为 30 度的夹角。

肾的一侧有一个凹陷，叫作肾门，它是肾静脉、肾动脉进出肾以及输尿管与肾连接的部位。这些出入肾门的结构，被结缔组织包裹，合称肾蒂。由肾门凹向肾内，有一个较大的腔，称肾窦。肾窦由肾实质围成，窦内含有肾动脉、肾静脉、淋巴管、肾小盏、肾大盏、肾盂和脂肪组织等。肾外缘是凸面，内缘是凹面，凹面中部为肾门，所有血管、神经及淋巴管均由此进入肾，肾盂则由此走出肾外。肾静脉在前，动脉居中，肾盂在后。若以上下论则肾动脉在上，肾静脉在下。

每个肾由 100 多万个肾单位组成。每个肾单位包括肾小球、肾小囊和肾小管 3 个部分，肾小球和肾小囊组成肾小体。

肾在人体的解剖位置：右肾门正对第 2 腰椎横突，左侧肾门正对第 1 腰椎横突；由于肝脏位于人体的右侧，右侧肾要比左侧肾略低 1 ~ 2 厘米。正常肾上下移动均在 1 ~ 2 厘米范围以内。肾

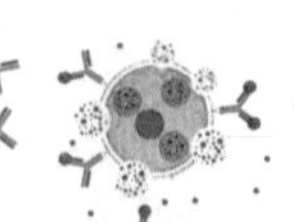

是在横膈之下，人们在体检时，除右肾下缘可以在肋骨下缘扪及外，左肾则不易摸到。

肾位于脊柱两侧，紧贴腹后壁，居腹膜后方。右肾比左肾低半个椎体。临床上常将竖脊肌外侧缘与第 12 肋之间的部位，称为肾区（肋腰点），当肾发生病变时，触压或叩击该区，常有压痛或震痛。

肾内部的结构可分为肾实质和肾盂两部分。将肾纵切可以看到，肾实质分内外两层，外层为皮质，内层为髓质。肾皮质位于肾实质表层，富含血管，新鲜时呈红褐色，部分皮质伸展至髓质锥体间，成为肾柱。肾髓质位于肾皮质的深面，血管较少，色淡红，由 10 ~ 20 个锥体构成。肾锥体在切面上呈三角形。锥体底部向肾凸面，尖端向肾门，锥体主要组织为集合管，锥体尖端称肾乳头，每一个乳头有 10 ~ 20 个乳头管，向肾小盏漏斗部开口。

在肾窦内有肾小盏，为漏斗形的膜状小管，围绕肾乳头。肾锥体与肾小盏相连接。每个肾有 7 ~ 8 个肾小盏，相邻 2 ~ 3 个肾小盏合成一个肾大盏。每个肾有 2 ~ 3 个肾大盏，肾大盏汇合成扁漏斗状的肾盂。肾盂出肾门后逐渐缩窄变细，移行为输尿管。

二、人体内的水有哪些作用

水是人体所必需的基本物质，也是体液的主要成分。人体内的水有着特殊的理化性质和极为重要的生理功能。

首先，水能够运输营养物质和代谢产物，也是一种良好的溶剂。人体生存所需的多种营养物质和各种代谢产物都能溶于水，即使是难溶或不溶于水的物质如脂类及某些蛋白质也能分散于水中而成为胶体溶液，通过血液循环而运输至全身。

其次，水还可以调节和维持人体的温度。因为水有较大的比热、蒸发热和流动性。比热大就能吸收较多的热量，使机体在代谢过程中产生的热量由体液吸收而体内温度变化不大，并经体液交换和血液循环，将体内代谢产生的热量运送到体表，再通过体表的散发或水的蒸发将热量释放到外环境中去。使机体维持均匀而恒定的温度。由于水的蒸发热高，在少量出汗时，就散发大量的热，这对人在高温环境中活动是有重要的生理意义的。

再次，水还能促进人体内的化学反应。人体内许多代谢物都能溶解或分散于水中，进而起到促进体内化学反应的作用。水还能促进各种电解质的电离，促使化学反应加速进行。水还可以直接参加体内的水解和氧化还原等反应的过程。

最后，水还可以像汽车发动机的润滑油一样，能够减少摩擦。如关节滑液能减少活动时的摩擦。体内的水除一部分以自由状态存在外，大部分与蛋白质、多糖和脂类等组成胶体溶液。由于水多以结合形式存在，使体内某些组织水含量虽多（如心脏含水量约为 79%），但仍能具有一定的形态、硬度和弹性。

人们每天要喝不少于 2 升的水，才能够保证人体的需求。我们都知道喝的水主要是从口进入体内的，那么水又是如何排出体外的呢？如果一个人只喝水，而不排水，就会像一个不停打气的气球，最终会涨破的。

除了通过汗液、呼吸等方式排出少量的水分，人们排出水分最主要的器官就是肾。肾的基本功能单位叫肾单位。每一个肾单位都能单独产生尿液。肾单位是怎样生成尿的？原来血液就是生成尿的原料，当血液流经肾时，绝大部分的血液都要流经肾小球。由于肾小球相当于一个血液“滤过器”，流过肾小球毛细血管的一部分血浆，除大分子的蛋白质外，水和小分子的物质都能透过毛细血管壁和肾小囊的脏层进入囊腔，此滤过液叫原尿。进入肾小管的原尿流过肾小管系统时，约 99% 的水和绝大部分为身体所需要的物质被肾小管上皮细胞重吸收回血液，而代谢产物则仅少量被重吸收或不吸收而随尿排出。

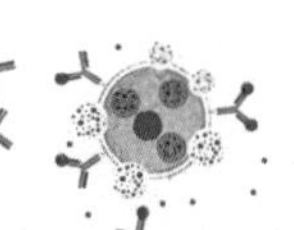

三、肾细胞都有哪几种

肾细胞一共有 5 个小伙伴，分别是肾小球毛细血管内皮细胞、肾小球毛细血管上皮细胞、肾小球系膜细胞、肾小管上皮细胞及肾间质成纤维细胞。

这 5 个小伙伴都住在哪里呢？肾小球毛细血管内皮细胞位于肾小球毛细血管基底膜的内侧；肾小球毛细血管上皮细胞，分为肾小囊壁层和脏层上皮细胞，也叫作足突细胞，位于肾小球毛细血管基底膜的外侧；肾小球系膜细胞是入球小动脉和出球小动脉之间的一群细胞，位于肾小球的系膜区；肾小管上皮细胞位于肾小管壁基底膜的内层；肾间质成纤维细胞在肾皮质、髓质外带肾间质里。

肾小球毛细血管内皮、基底膜、上皮细胞共同构成了肾小球毛细血管的滤过膜。

肾小球毛细血管上皮细胞是组成肾滤过屏障的一部分(40纳米),是最小的滤过孔。存在于基底膜两侧，细胞内含有大量硫酸类肝素，能够维持电荷屏障。上皮细胞还有分泌功能，参与调节血流动力学。上皮细胞还可以产生胶原与氨基多糖，参与基底膜的修复。

肾小球毛细血管内皮细胞也具有维持肾小球毛细血管结构完整的屏障功能，是选择性滤过屏障功能的第一道防线（70 ~ 100 纳米）。内皮细胞还有抗凝血和防治血栓形成的作用，具有调节肾小球血液动力学的作用，能够与系膜细胞一起合作参与基底膜的合成和修复。

肾小管上皮细胞、肾间质成纤维细胞同样具有分泌功能。肾小管上皮细胞功能与肾小球毛细血管上皮细胞类似，肾间质成纤维细胞具有维持肾正常结构的功能，构成了滤过屏障，具有支架功能，同时还具有修复功能。

系膜细胞对肾小球毛细血管袢具有支持和保护作用。系膜细胞能够吞噬一些大分子物质，可以通过收缩和舒张进而控制毛细血管的血流量，调节滤过膜的滤过功能，还参与免疫反应并且可释入各种因子，参与肾小球炎症反应和基底膜的修复。

这5种肾细胞受到损伤，都有可能引起肾间质纤维化，从而影响肾排泄尿液的功能，严重时会损害人体的健康。

四、尿毒症有多可怕

尿毒症并不是单一的一种疾病，而是各种晚期的肾疾病都会发生的临床综合征，是由于慢性肾功能衰竭而进入终末阶段时出现的一系列临床表现所组成的综合征。

慢性肾衰竭是指各种肾疾病导致肾功能渐进性不可逆性减退，直至功能丧失所出现的一系列症状和代谢紊乱所组成的临床综合征，简称慢性肾衰。慢性肾衰的终末期即为人们常说的尿毒症。

尿毒症患者的肾功能基本为零，只有两种方式才能够维持生命，一种是血液透析；另一种就是肾移植。合适的配型肾源不易找到，且手术费用高昂。

因此，注重尿毒症的预防，改正生活中一些不良习惯尤为重要。如经常憋尿对人体的伤害很大，尤其会导致泌尿系统感染，这是尿毒症最常见的病因。所以平时要及时排尿，多喝水、多排尿就可以预防泌尿系统感染。

肾疾病最可能引起尿毒症，当肾功能退化，肾就无法进行正常的工作，而糖尿病患者和高血压患者会更容易患尿毒症。现在的年轻人参加工作，经常要熬夜加班，虽然年轻，第二天恢复得快，但是对肾的损伤却非常大。

所以我们要养成良好的生活习惯和作息习惯，这样能有效地预防尿毒症。

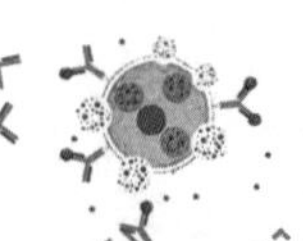

五、令人烦恼的肾结石

“医生，我没事吧，这个结石看着也不大。”

“我平时没有感觉痛啊，应该不影响工作和生活。”

“昨天就痛了一下，没关系的！”

发现自己得了肾结石的朋友，大多都觉得不疼，也不影响工作和生活，不需要治疗。都是抱着能拖就拖的心态，没有把它当回事，但在体会过肾结石的痛苦后，就能深刻领悟到一句话：肾结石症状轻微时你不治，等到严重的时候会让你痛苦万分！

肾结石（图 11–1）是由于晶体物质（如钙、草酸、尿酸、胱氨酸等）在肾的异常聚积所致，为泌尿系统的常见病、多发病。男性发病多于女性，多发生于青壮年，左右侧的发病率无明显差异，90% 含有钙，其中草酸钙结石最常见。大多数的肾结石患者有不同程度的腰痛。结石较大，移动度很小，表现为腰部酸胀不适，或在身体活动增加时有隐痛或钝痛。较小结石引发的绞痛，常骤然发生腰腹部刀割样剧烈疼痛，呈阵发性。泌尿系统任何部位均可发生结石，但常始发于肾，肾结石形成时多位于肾盂或肾盏，可排入输尿管和膀胱。

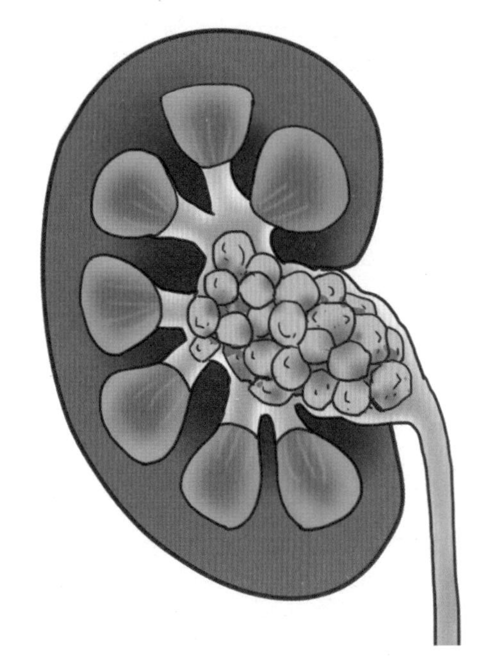

图 11–1　肾结石

肾结石是从哪里来的呢？

原来是吃出来的。日常的食物中，除了人体日常所需要的营养外，还会产生草酸盐、尿酸盐。当这些盐类物质随着血液流经肾时，肾会把它们当作垃圾一样排泄到尿里。正常情况下，这些物质会随着尿液排出。当这些析出的盐晶体，在尿中碰到其他垃圾（脱落的细胞或者细胞的碎片），会将这些细胞碎片聚集到一起。只要它们待在尿里的时间足够长，就会越聚越多，越来越大，最后就变成肾结石了。如果是草酸盐析出形成的结石就是草酸盐结石；如果是尿酸盐析出形成的结石就是尿酸盐结石。如果结石在肾里乖乖待着不动，人是不会感觉到的。这也是为什么有些肾结石患者没有感觉的原因。

一旦结石在肾里面晃来晃去，磕磕碰碰，就会引起比较轻微的疼痛。肾结石患者日常有钝痛、酸痛的感觉，就是这么来的。

如果结石随着尿液在人体内四处游荡，那麻烦就大了。输尿管长得细皮嫩肉，最怕结石这种牙尖角利的家伙。结石一旦卡在输尿管中，就会引起输尿管痉挛，会让人痛得难以忍受。这就是肾结石患者发作时剧烈疼痛的原因。

有的患者得了肾结石，除了疼痛，还会有呕吐症状。原来控制输尿管和肠道的神经是同一条神经。输尿管不舒服，肠道也会跟着遭殃，于是肾结石患者肾绞痛的时候就会有恶心、呕吐的表现。万一结石顺着输尿管又滑到膀胱的入口处，就会刺激膀胱，或者引起细菌感染，这些都会导致肾结石患者出现尿频、尿急、尿痛的症状。如果这一路上结石到处剐蹭，哪里刮出血了，血尿也就跟着来啦。万一肾结石堵住了尿的出路，肾里的尿排不出来，久了就会导致肾实质被压迫，这就是肾积水。

那么，如何预防肾结石呢？

其实很简单，只要少吃会引起草酸高、尿酸高的食物，平时多喝水，盐就没有机会析出，尿多了，就可以像大坝泄洪一样把结石冲走，不给结石成长的机会。

六、是谁发明了人工肾脏

每个人有两个肾，在人的腰部，左右各有 1 个。这对小小的器官不到 1 小时就能把人体内的血液全部清洗 1 次。虽然两个肾不大，但它的过滤器和管道等如果连接起来，长度将近 80 千米。

我们知道，血管内血浆的主要成分是水，血浆好比在血管内流动的河流。因为有了血浆，血液才能够顺畅流通。当人体产生一些废物，为了防止废物累积在人体的组织内，细胞就会把废物送进血液，废物随着血液流到肾，肾回收血液中有用的成分，同时把有害的和不需要的物质通过尿液排出体外。肾就相当于血液的清洗工厂。

由于肾在人体器官中具有举足轻重的作用，一旦它出现问题就会极大地威胁患者的健康，因此，众多优秀的医学科学家投身于肾病治疗的研究，致力于人工肾的研制。

1943 年，荷兰医生威廉·科尔夫（Willem Kolff，1911—2009 年）（图 11-2）制造了第一个人工肾，首次以机器来代替人体的重要器官。这种人工肾可以将患者血液内的有毒物质透过人工肾的胶膜渗透滤过，而血细胞和蛋白质则不能通过。这台机器可暂时代替人体肾的功能，让损坏的肾逐渐恢复。

图 11-2　威廉·科尔夫

威廉·科尔夫出生于荷兰的莱顿，他在 27 岁时就获得了莱顿大学医学博士学位，35 岁时又获得格罗宁根大学哲学博士学位。科尔夫的父亲是一名医生，经营一家肺结核患者疗养院，在他小的时候，就亲眼看到患者的痛苦，这对他触动很大。本来他希望长大成为一名动物园管理者，而不是医生。但是最后他还是放弃了动物园管理者的梦想，而进入荷兰莱顿大学医学院学习。

科尔夫说："当我很小的时候，我并不想成为一名医生，因为我不想看着人们死去。后来，我制造医学仪器的目的就是要阻止人们的死亡。"

1938 年，作为荷兰格罗宁根大学的一名年轻医生，科尔夫接触到一位才 22 岁的年轻人，由于肾功能衰竭直到最后死亡，患者所表现出来的对死亡的恐惧让他无法忘怀，而这种恐惧就是因为肾衰竭。科尔夫开始思考：如果能找到一种方法用来清除患者血液中积聚的有毒废物，就可以维持他们的生命。

在第二次世界大战期间，科尔夫在一个乡村医院里潜心研究，他找来一辆破旧汽车的冷却装置和一架飞机金属碎片，研制出了人类历史上第一台简易血透仪。

在最开始的试验里，科尔夫将肠衣中充满血液，去除空气，加入尿素（一种肾排泄物），并开始在盐水槽里剧烈地摇晃起这个新发明。肠衣具有半通透性，像尿素这样的小分子可以穿过细胞膜，而较大的血液分子可能无法通过。5 分钟后，所有的尿素都进入盐水中了。

1940 年 5 月，科尔夫搬到一个小医院，在那里，他建立了欧洲第一个血库，救助了许多人。他继续坚持人工肾的研究。

20 世纪 40 年代早期，科尔夫开始在患者身上进行临床试验。患者的血液是从手腕动脉进入半透膜肠衣，通过转动的装置推动血液体外循环，消除杂质。然后让经渗透后"干净"安全的血液输送回患者体内。但是试验的结果却非常残酷，先后有 15 位患者死去。他并没有因此而放弃，根据汽车水泵等原理和参照洗衣机等装置，他对透析机进行了一系列细微改良，为了防止患者体内形成血栓还添加了抗血栓制剂，其中包括血液稀释剂的使用，以防止凝血。

1945 年，一名 67 岁的女患者因为肾功能衰竭而陷入昏迷，在使用了科尔夫的透析仪后，最终活了下来。

1947 年，科尔夫将一个人工肾邮寄到美国纽约市的西奈山医院，并开始与

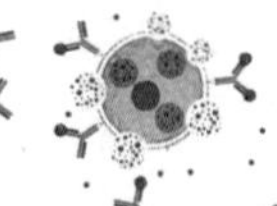

同样对人造器官感兴趣的美国内科医生交流。最终，通过对机器进行不断改进，它可以被无法恢复的肾衰竭患者规律地使用。成功发明透析机之后，科尔夫继续改善这种医疗器械，他的人工肾，后来逐渐发展成现代透析机，为肾衰竭患者清洁血液，挽救了世界上千百万患者的生命，使得这一器械成为目前临床上最流行，同时也最受医生和患者欢迎的装置。现在，数以万计的人都在进行血液透析，它成为肾移植的过渡性治疗。

科尔夫是美国人造体内器官协会的创始成员，在世界各地的大学里获得超过 12 项荣誉博士学位，荣获超过 120 多个国际奖项，其中包括 2002 年被授予的阿尔伯特拉斯克医学临床研究奖。

在科尔夫之后，人工肾还在其他科学家的帮助下不断完善。1960 年，美国外科医生斯克里布纳发明了一种塑料的连接器，这种连接器可以永久装进患者前臂，连接动脉和静脉，人造肾能够非常方便地与其进行连接，而且不会损伤患者的血管。几年之内，千万名肾病患者利用人工肾进行透析治疗，每星期 3 次，每次 10 ~ 20 小时，以维持生命。有很多患者在接受了专门的训练后，在家就可以进行透析。

到了 20 世纪 70 年代，随着材料科学的发展，一些功能性高分子纤维得以用来作为血液透析器的原材料。医学上人工肾血液透析器首先是用三醋酯中空纤维制成。一个机器里面由 1 万根中空纤维组成，每个中空纤维的内径只有 200 微米，膜壁厚度也只有 20 ~ 50 微米、长度为 18 厘米。由这种中空纤维组成的人工肾，工作效率高，仪器操作简便，现在世界上已有 10 万人依赖这种人工肾生活。

现在的人工肾临床应用已经非常普遍，但它只有透析过滤的功能。未来理想的人工肾应具有人体肾的全部功能，能够对人体内的生物信息、神经传递进行仿真模拟。希望这个伟大的目标，人类能够得以实现。

第十二章
人体动力之源——胃细胞

生物体自诞生之日起，进化仿佛戛然而止。生命也因此蒙上了神秘的面纱，但人类对于生命奥秘的探求和思索却从未停止。从达尔文的进化论到近现代医学的重大发展；从中国传统医学的整体观，到细胞、分子水平的微观发现，人类上下求索、一直在苦苦追寻并试图揭示人体神秘奥妙的精密构造。

当探索到胃肠道细胞，发现了与人体共生的寄生菌，许多古老神奇的医学理论有了论据，也使曾被认为如铜墙铁壁般坚韧的胃，表现出不堪承受的脆弱。

或许这就是科学的魅力，越是往微观世界探索，越是有趣，也才越对生命心存敬畏吧！

一、胃细胞与“长生不老”有关系吗

自从有文字记载的地球文明形成以来，“长生不老”一直是人类的向往和追求，它几乎是高等生命形式的终极梦想。

我国秦朝道家名人徐福东渡为秦始皇寻求长生仙药（图 12-1）。

图 12—1　徐福东渡

国外也有寻求“长生不老”的传说。如中古时期欧洲的很多巫术，一方面是研究各种死亡仪式和诅咒，另一方面都是在探寻长生。包括那些救市巫医、炼金术士和占卜者都是从星象等各种自然现象中寻找永生的方法。

2012 年 3 月在莫斯科举行的全球未来 2045 年国际会议上，俄罗斯媒体大亨德米特里·伊茨科夫提出了永生计划，这是一项以永生为目标的高科技研究计划。该计划探索把人类思维移植进机器身体中，借以实现人类长生不老的梦想。

看来，古往今来，人类从来没有放弃过对永生的执念，一直对长生不老充满了渴

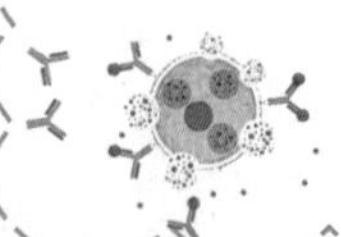

望。但生老病死终究是自然规律，是宇宙间默然成规的最大律法。

既然永生难觅，健康长寿就成了人类退而求其次并痴迷追求的又一理想。而中医学不仅行医问病，同时蕴含的养生理念更是十分珍贵，是中华民族几千年来的智慧结晶，其理论恰好满足了人类对健康长寿的追求。

中医学应该是来自史前文明的医学体系，古代中医理论是集医学、药学、养生学、哲学、宗教甚至玄学为一体的综合性理论。其中胃（就是现代医学所讲的胃肠消化道）化生阳气，即胃气，又称中气，也叫正气，与脾（现代医学所指的消化功能）化生阴气，又称湿气，阳气与阴气之间的斗争就是人整个生命的过程。另外，中国传统医学巨著《黄帝内经》也强调："有胃气则生，无胃气则死。"提示胃肠消化道在人生命中的重要性。中医整体观是中医的真谛，而中医的核心就是——保胃气，中医认为这是必须遵守的生命规律！

胃肠道及胃肠功能对人体的重要性不言而喻，也可以说胃肠道的消化吸收功能是人体生命的源泉，是维持生命的必要保证，也因此被称为是与心血管系统并驾齐驱的人体第二部发动机。

18 世纪的法国自然科学家若穆指出：胃里有能消化肉的液体。这使得无论是外行还是生理学家们都发出疑问：为什么胃不会消化它自己呢？随着近现代科学技术的发展和进步，人类开始向微观世界探索，许多过去无法理解的难题也都在微观世界中找到了答案。人类发现，细胞是有机体结构组成及生命活动的基本单位，由细胞构成各个组织器官，才有了完整的生命活动。也就是说，中医整体观中所指的"阳气""正气""胃气"是由构成胃肠道组织细胞的相互作用而产生。想要揭示阴阳两气之争，或者探知为何胃能消化肉却不能消化自己的旷世拷问，就需要进入到微观世界探寻胃肠细胞的作用原理。

二、胃的大致结构和主要细胞

胃是具有内腔的中空器官，观察胃的横断面，合围起来的结构称为胃壁。胃壁由4层结构组成，即黏膜层、黏膜下层、肌肉层和浆膜层（图12–2、图12–3）。

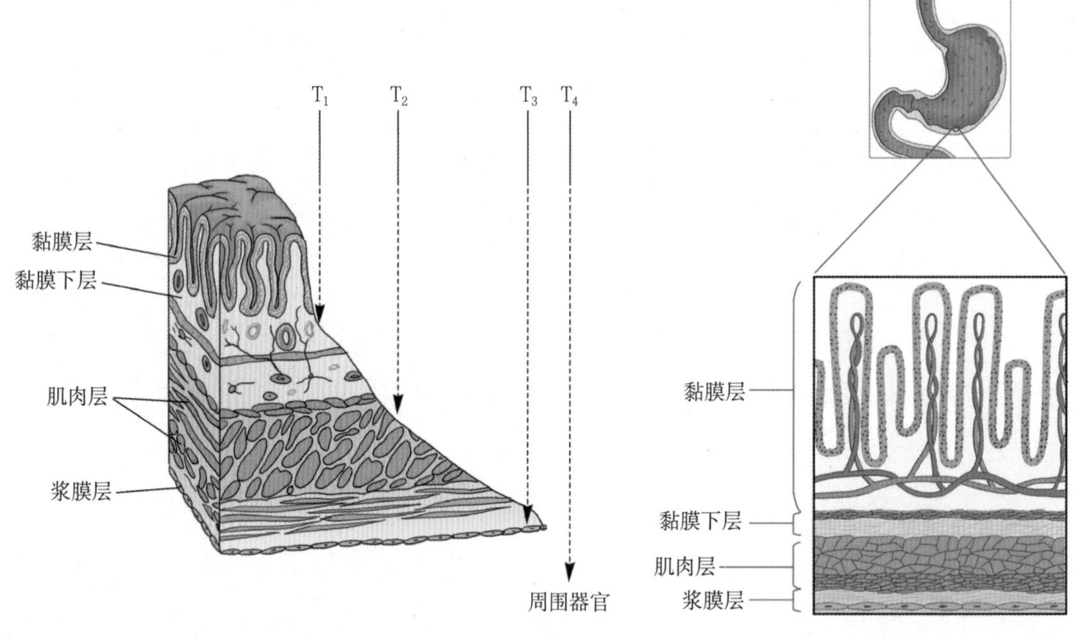

图12–2　胃壁解剖示意　　图12–3　胃壁分层示意

在胃壁最里层，也就是内腔中最接近食物的那一层是黏膜层，厚度几乎占胃壁的一半。从进化的角度来看，胃黏膜层应该是胃壁中最关键的结构，因为它最接近我们吃下去的食物，作用也最直接。

黏膜层下面那层结构由疏松结缔组织和弹力纤维组成，即黏膜下层，在胃壁中起缓冲作用。当吃了食物胃扩张或蠕动时，黏膜下层可伴随这种活动而伸展或移位。黏膜下层含有较大的血管、神经丛和淋巴管。当胃黏膜发生炎症或胃黏膜癌变时，癌细胞可经黏膜下层向周围扩散（血管或者淋巴管里的血液和淋巴液甚至可以运输癌细胞

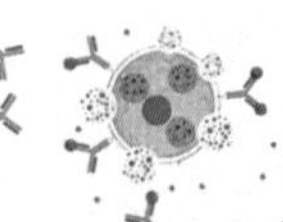

到全身其他部位）。

胃壁中间是肌膜层（或称肌肉层），主要负责胃的蠕动，通过蠕动搅拌食物和胃酸充分混合并推送被胃消化后的食糜或液体进入小肠。

胃壁最外层是浆膜层，与体内其他器官相邻，比较结实，包裹着胃，使胃免于周围器官组织或外力的冲撞而受伤。

空腹时，胃内腔面黏膜形成小褶皱，进食饮水充盈后褶皱几乎消失。在临床上，当胃黏膜皱襞发生改变，常表示有病变的发生，要及时就医。

胃黏膜表面由上皮细胞和分泌黏液的黏液细胞共同组成黏膜屏障（图 12-4）。我们都知道，胃里有胃液，为酸性（胃酸 pH 值可达 0.9，算得上强酸啦），黏膜屏障虽然不是铜墙铁壁，但这道屏障对胃黏膜具有很强的保护作用。可防止胃腔内的 H^+ 进入胃黏膜，也可防止胃黏膜内的 Na^+ 扩散到胃腔，从而平衡胃内环境。但一定量的乙醇、水杨酸、胆酸和乙酸等药物作用于胃黏膜后，就破坏了胃黏膜屏障，使胃腔内的 H^+ 损伤胃黏膜，使胃黏膜肿胀、出血，引起胃溃疡等疾病。某些物质如前列腺素具有防止或明显减轻有害物质对黏膜损伤的作用。而胃黏膜上皮细胞能不断地合成和释放大量的内源性前列腺素（也就是我们人体自身能产生的前列腺素），还有一些胃肠激素（如生长抑素）等都对胃黏膜有一定的保护作用。

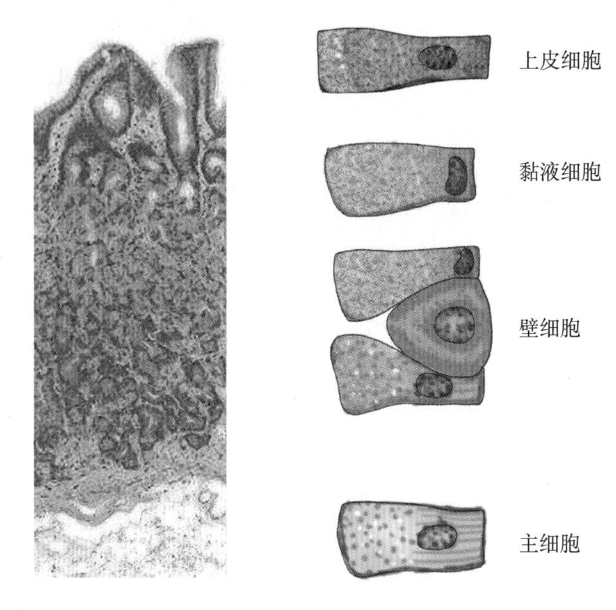

图 12-4　胃黏膜细胞分类示意

胃黏膜表面上皮细胞是一种可以不断更新的细胞，也很容易受损伤而脱落，但修复迅速，大约只需要 36 小时即可再次发挥作用。在正常情况下，胃黏膜表面上皮细胞每1～3天就完全更新1次，以这种循环往复、周而复始的神奇代谢方式佑护着我们。

胃黏膜表面黏液细胞，顶部充满黏原颗粒，用病理学常规染色，可发现细胞顶部染色较浅，甚至呈透明状（图12-5）；黏液细胞分泌的黏液含高浓度碳酸氢根离子（HCO_3^-），覆盖于胃黏膜上皮表面，当胃内有强酸度的胃酸时，高浓度HCO_3^-能中和胃酸中的H^+生成碳酸，从而起到保护胃黏膜抵御强酸侵害的作用。黏液细胞也会不断脱落，然后由位于胃腔内一个特殊解剖结构——胃小凹底部的干细胞进行补充增殖，3～5天更新1次。

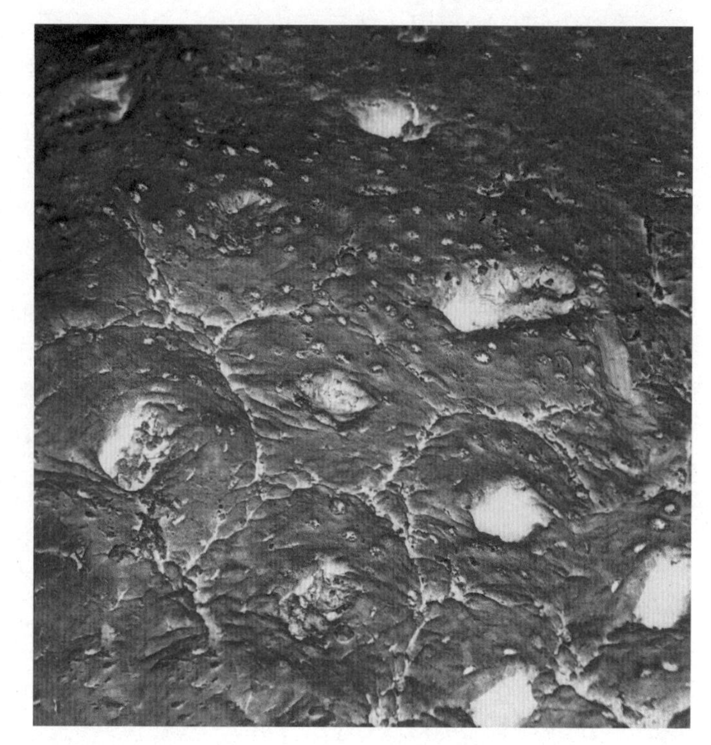

图12-5　胃黏液细胞染色

胃壁的功能中心——固有层细胞。前面提到的胃腔中的酸是怎么来的呢？这就需要再简单学习一下胃黏膜的组织结构。假如将前面提到的由胃表皮细胞和黏液组成的黏膜屏障称为胃黏膜的“液状层”（虽然黏液密度大，质地致密，性质仍近似液体状）；在胃黏膜表皮细胞下面还有单管状或分枝管状，能够产生特殊物质的组织，称为“腺体”。在胃壁中根据腺体分布位置的不同分为贲门腺、胃底腺和幽门腺，统称“胃腺”，分布在胃黏膜内。胃腺有时也用以专指胃底腺。胃壁中的腺体层又被称为胃壁的“固有层”，是分泌胃液的腺体，胃里的酸就是由胃腺体中某些细胞分泌的。所以胃底腺又被称为泌酸腺。在相邻腺体之间还有一个凹陷，被命名为胃小凹，是一个较特殊的解剖部位。

胃底腺分布于胃底和胃体部，大约有 1 500 万条，是胃黏膜中数量最多、功能最重要的腺体。胃底腺由主细胞、壁细胞、颈黏液细胞、干细胞和内分泌细胞组成；越靠近贲门部（也就是离食管末端最近的部位）主细胞越多，越接近幽门部（靠近十二指肠）壁细胞越多。这一组织学的分布特点，除了解剖学的位置特征，主要还是由胃的消化特点决定。

每种细胞的功能特征是什么？

主细胞，又称胃酶细胞。是胃底腺中数量最多的细胞，细胞顶部充满酶原颗粒，酶原颗粒内含胃蛋白酶原。胃蛋白酶原被释放出细胞后，本身处于静默的状态，但它们蓄势待发，一旦被激活成具有活性的胃蛋白酶后，就能参与对蛋白质的初步消化。我们平时吃的肉、蛋、奶，甚至豆腐等植物蛋白质，就是由蛋白酶参与消化的。也就是说，胃蛋白酶原只有被胃里的盐酸激活后才能发挥消化蛋白的作用。

壁细胞（图 12–6），又称泌酸细胞。大部分位于胃底腺的上半部，细胞个头儿较大，细胞质明显嗜酸性。壁细胞的主要功能是生成、分泌胃酸（图 12–7），不但能使主细胞分泌的胃蛋白酶原转变为胃蛋白酶，还进一步为胃蛋白酶分解消化蛋白质活性提供所需的酸性环境。盐酸还具有很强的杀菌作用；强酸环境几乎使大多数细菌都失去活性，毫无用武之地。

壁细胞的另一功能是分泌一种被命名为内因子的糖蛋白。后来研究证明，壁细胞分泌的内因子与食物中某种成分——维生素 B_{12}（又被称为外因子）结合形成的复合物是治疗恶性贫血的有效因子。内因子与外因子结合，一方面可避免维生素 B_{12} 被水

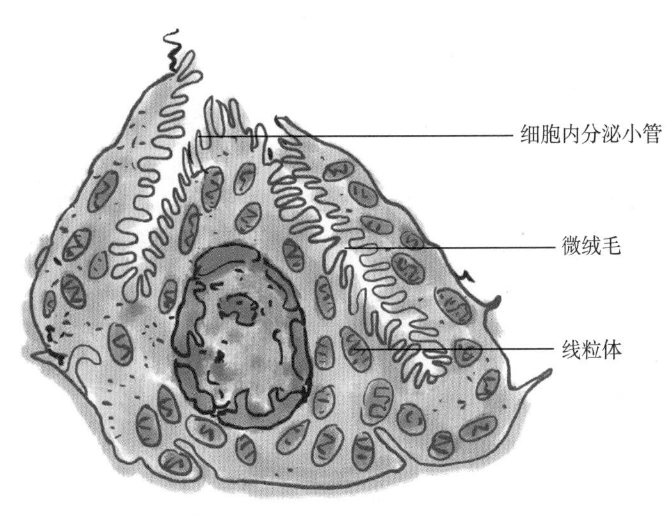

图 12–6　胃黏膜壁细胞

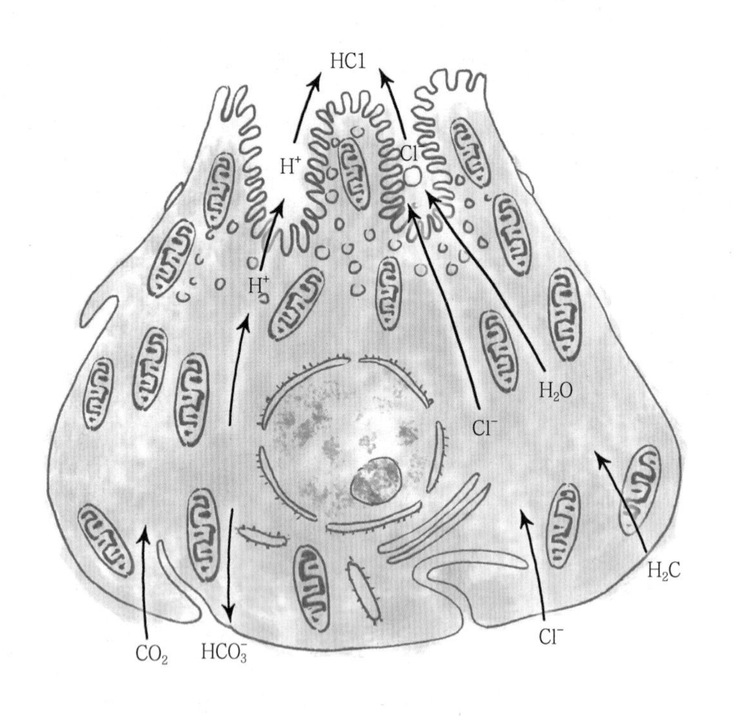

图 12–7　胃壁细胞泌酸示意

解酶破坏，另一方面，复合物可以从胃顺利移行至回肠，与回肠黏膜中特殊受体结合，促进回肠上皮吸收维生素 B_{12}，供红细胞生成所需。而红细胞中的血红蛋白是一种能将氧气输送到全身血细胞和身体各个组织的一种最重要的蛋白质。临床上有些诊断为A型萎缩性胃炎的患者，虽然没有做胃切除手术，但由于胃底腺萎缩，失去正常功能，使壁细胞大量被破坏，内因子生成缺乏导致维生素 B_{12} 吸收障碍，最终发生恶性贫血（如巨幼红细胞贫血）（图 12–8）。

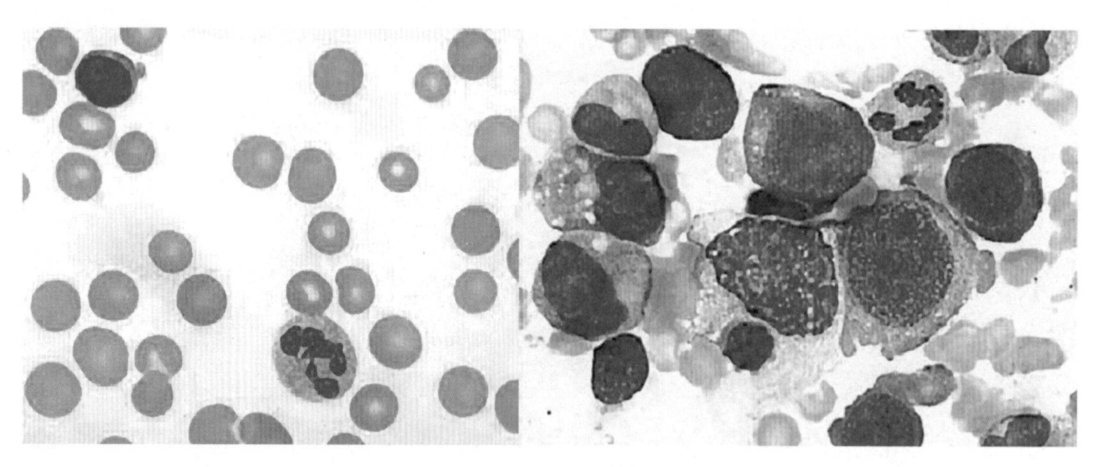

图 12–8　巨幼红细胞贫血

颈黏液细胞是胃底腺中数量较少的一种混合性黏液细胞。位于胃底腺顶部，常呈楔形，夹在其他细胞之间，主要分泌可溶性的酸性黏液。

介绍到这里，胃底腺中几种主要的细胞都出场了。但还有几种细胞在胃底腺中的作用至关重要，比如前面在介绍胃黏液屏障时提到的表面黏液细胞的增殖更新，就是由胃底腺中的干细胞完成的（图 12-9）。

干细胞位于胃底腺顶部至胃小凹深部一带，虽然细胞个头小，在普通组织学染色石蜡 -HE 切片中都不易辨认，但其重要性不容置疑。胃底腺干细胞属于增殖的子细胞，有的可以向上迁移，补充分化为表面黏液细胞，以保证胃表面黏液屏障的完整；有的停留在局部或向下迁移，分化为胃底腺的其他细胞。这张图片是科学家在试验室中成功利用人类干细胞培育出的微型胃，这一重大成果不但能够可指导人类彻底了解胚胎发育的各个阶段，也为进一步探索胚胎中细胞如何演化为器官提供了一扇窗口（图 12-10）。虽然这块活体组织的大小不超过一粒芝麻籽，却具有与人的胃类似的腺体结构，甚至能够寄居肠道细菌。这种“类胃器官”的成功培育，不仅可以用来了解癌症等疾病的发生和发展过程，也可以用来测试胃对各种药物的反应。所以无

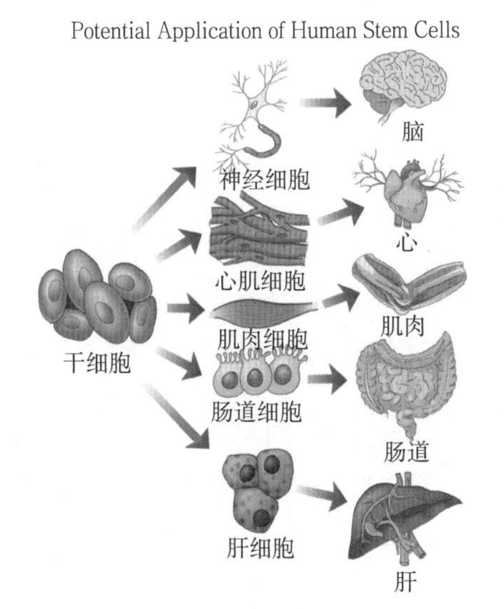

图 12–9　可分化为不同器官组织的干细胞

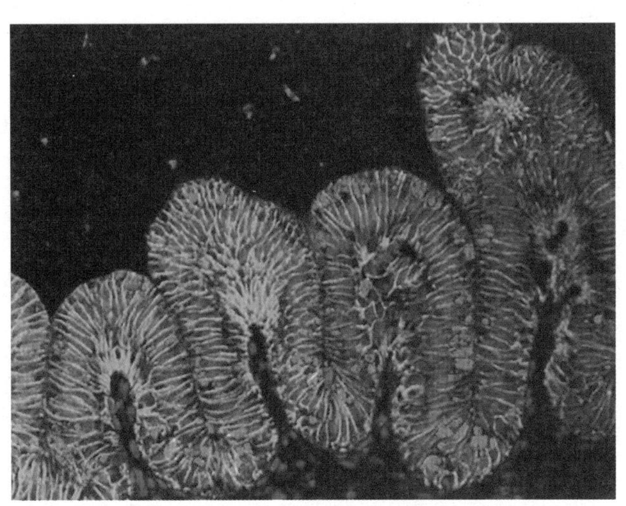

图 12–10　荧光显微镜下的类胃器官

论对于临床治疗、诊断还是新药物研发，干细胞的发展都令人振奋。

无论是过去还是现在，胃气或者说胃肠道消化功能始终都是中医做全身调整的重中之重。从前面介绍的几种功能性细胞来看，总觉得还缺少了一些指挥调度，或者说能起到触发调节上述这些功能细胞发挥作用的物质，也就是说阳气因何而生，又怎样与阴气达到平衡的？

当然胃肠道功能最终都要受机体的最高指挥官——即大脑神经系统的统一调配，相信这也是中医整体观胃的主旨。胃肠道上皮与腺体中还散在分布着种类繁多的内分泌细胞，这些细胞甚至也可以理解为胃肠道中除神经系统之外的二级指挥官。

如内分泌细胞。由于胃肠道黏膜的面积巨大，胃肠内分泌细胞的总量几乎超过其他内分泌腺腺细胞的总和。在胃、肠黏膜表面上皮和腺体中，散布着40多种内分泌细胞（尤以胃幽门部和十二指肠上段最多），是体内最大、功能最复杂的非内分泌腺的内分泌器官。所分泌的激素主要协调胃肠道的消化、吸收功能，也参与调节其他器官的生理活动，在体内的战略地位举足轻重，所以中医的整体观胃不无道理。

其中胃底腺的内分泌细胞主要为肠嗜铬样细胞，它能分泌一种叫组胺的物质，作用于邻近的壁细胞。组胺可以强烈地促进壁细胞的泌酸功能。

在胃贲门腺、胃底腺和幽门腺还发现一种细胞，即D细胞。在不同种属之间，细胞颗粒大小、外貌和电子密度也明显不同，比如D细胞在大鼠胃腺中十分小而在人胃腺中却比较大。在胃底腺，D细胞具有典型的内分泌细胞形态，不与腺腔直接接触，属闭合型。在胃窦部的D细胞则属开放型，顶端突起可达腺腔。这些细胞可直接受胃腔内包括pH值等因素的影响。D细胞的基底部常伸出一个或数个与基膜平行的长突起，与相距一定距离的其他内、外分泌细胞相接触。在胃窦部的D细胞突起可终止于G细胞和EC细胞，而胃体或底部的D细胞突起可终止于壁细胞和其他上皮细胞。基于这种形态特点，人们曾设想D细胞将分泌物释放后，通过旁分泌途径只在局部影响靶细胞。但也有人报道它还具有分泌内分泌激素的作用。虽然从形态上

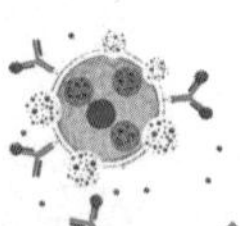

D 细胞早已被人们所认识，但直到 1975 年才经免疫组织化学方法确认 D 细胞含生长抑素。此外，D 细胞分泌的生长抑素还能抑制胰酶、胃酶和胃酸分泌以及胃排空等多种胃肠功能。D 细胞生长抑素一方面可直接抑制壁细胞分泌盐酸，另一方面，还可通过抑制肠嗜铬样细胞分泌组胺而间接地抑制壁细胞的功能。

在近贲门位置，1 ~ 3 厘米的区域为贲门腺，主要为分泌黏液的黏液腺细胞。靠近胃幽门处的幽门腺是分支较多且弯曲的管状黏液腺，这一区域的胃小凹很深；幽门腺可有少量壁细胞（分泌盐酸）。

1986 年，科学家通过免疫组织化学技术，在猪胃幽门腺区发现并证明了能够刺激壁细胞分泌盐酸的 G 细胞，其分泌的物质被称为胃泌素，因此 G 细胞也称胃泌素细胞。G 细胞属于开放型的细胞，为什么这么说呢？第一，G 细胞能受机械性或化学性刺激而分泌，也可受神经和血液成分的调节。第二，G 细胞释放胃泌素的途径也很多元，可以是内分泌方式，通过血液循环传递起作用，所以目前可以通过血液检测到胃泌素，以此判断 G 细胞功能；也可以是旁分泌方式，通过细胞外间隙，弥散至邻近的靶细胞而发挥作用；还可以外分泌（或称腔分泌）方式，将分泌物直接释放到胃腔内，胃液检查就能评价 G 细胞。第三，G 细胞释放胃泌素最基本的作用是刺激壁细胞分泌盐酸，但同时还能刺激胃、胰、肝和十二指肠腺分泌水和电解质等。现在已经明确生长抑素可抑制多种调节肽的释放，在胃中可抑制胃泌素等激素的释放，因此也可以说 D 细胞具有调节幽门腺处 G 细胞的作用。

但到目前为止，还没有专一常规的组织学或组织化学反应可用于证明 G 细胞，免疫组织化学方法是唯一能选择性地证明 G 细胞的方法。但这个方法也有它的缺陷，因为很多胃泌素抗体与胆囊收缩素有交叉反应。G 细胞还有一个作用就是其释放的胃泌素，能促进胃肠黏膜细胞增殖，使黏膜增厚。当然，胃黏膜增厚的利弊还存在很大的争议，科学家们还在不断地探索。

除上述几种内分泌细胞外，胃中还有 P 细胞和 X 细胞等许多种内分泌细胞。

P 细胞仅在正常人胃窦处有少量分

布。在慢性萎缩性胃炎、胃的类癌病例中，P细胞常可大量出现。P细胞的分泌颗粒很小，直径约为120纳米，圆形，有淡晕。P细胞分泌的蛙皮素，对胃泌素和胆囊收缩的分泌有明显的刺激作用，因而间接地促进胃酸、胰酶等的分泌，故推测溃疡的产生可能与P细胞增多、蛙皮素增加有关。

X细胞分布于胃体黏膜中，数量很少。颗粒呈中等大小（约为50纳米），圆形，电子致密，有包膜紧密包绕，作用至今不清。

如果将前面介绍的胃黏膜及腺体中的细胞根据功能做个大概归类，基本可以分为:

（1）黏液屏障型：胃黏膜表面上皮细胞、胃黏膜表面黏液细胞。

（2）功能型：主细胞、壁细胞、干细胞、颈黏液细胞。

（3）内分泌型：ECL细胞、G细胞、D细胞、P细胞、X细胞等。

在各种内分泌细胞的调节下，胃黏膜腺体中各种细胞分泌的物质组成胃液（图12–11）。

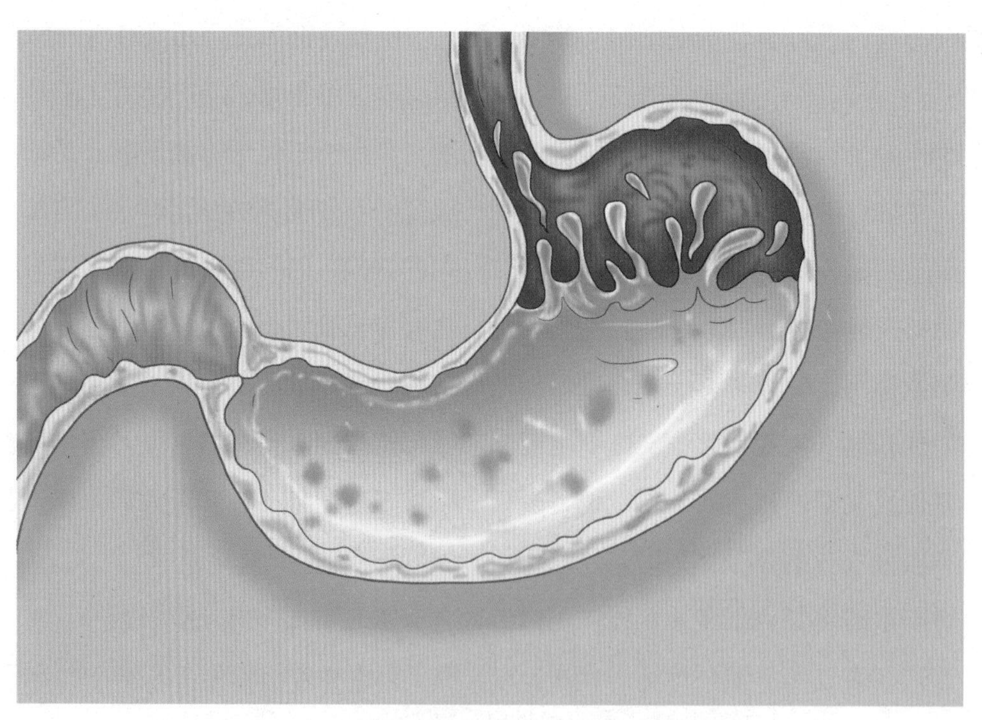

图12–11　正常成人胃内可分泌的胃液容量示意

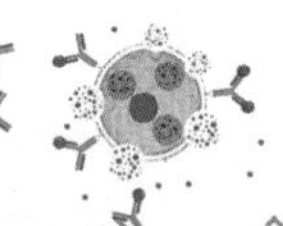

空腹时，胃液大约只有50毫升的容量，大体质量跟一个鸡蛋的质量差不多。胃液中当然不能全是壁细胞分泌的盐酸，否则再厚的城墙也抵御不了猛烈炮火的攻击，毕竟纯胃液pH值在0.9 ~ 1.5，属于强酸，在体外几乎可以轻松地腐蚀大部分物体。胃液是胃内分泌物的总称。一个正常成人每天分泌的胃液有1.5 ~ 2.5升，可在进食时大量分泌，由盐酸、胃蛋白酶、黏液蛋白、大量水分、NaCl、KCl等物质组成，内含固体物0.3% ~ 0.5%，无机物主要为壁细胞分泌的H^+和Cl^-以及一些其他的离子；有机物主要有主细胞分泌的胃蛋白酶原、壁细胞分泌的内因子，还有胃底腺中颈黏液细胞分泌的黏液蛋白等。

正常状态下，胃黏膜表面上皮覆盖的黏液-碳酸氢盐屏障（黏液层）厚度为0.25 ~ 0.5毫米，将胃黏膜上皮与胃蛋白酶隔离；黏液屏障所含的高浓度HCO_3^-能中和胃酸中的H^+，形成H_2CO_3；H_2CO_3很快被胃上皮细胞产生碳酸酐酶迅速分解为H_2O和CO_2，使局部形成pH值为7的中性环境，保护胃黏膜不受胃液中盐酸的腐蚀。中医所讲的胃气平衡大概就是这样的理想状态。

任何导致胃酸分泌过多或黏液产生减少时，胃内胃酸分泌量与黏液-碳酸氢盐屏障的平衡就被打破，皆可导致胃黏膜损伤产生胃炎，甚至胃黏膜自我消化，形成溃疡。由于胃消化系统的复杂性，溃疡形成机制也很复杂。

三、幽门螺杆菌是胃癌的元凶吗

三国时期，司马懿与诸葛亮两军最后一次对垒时，司马懿一直按兵不动，却安排探子打听诸葛亮的饭量，并以此判断诸葛亮诸事劳烦而食量很少，饭前食后又常有嗳酸呃逆，肯定活不长。果真，没过多久诸葛亮去世。最终司马懿家族替魏灭了其他两国，之后又以晋取代魏，开创了一百多年大一统晋王朝。今天，从这个典故推断诸葛亮当年胃肠道消化系统肯定出了问题，工作繁忙、劳累，吸收的营养却不足以供给他每日的消耗，终会油尽灯枯。

诸葛亮是否得了胃癌现在不得而知。但是胃癌在现代是全球最常见的恶性肿瘤之一，在癌症死亡原因中排第二。在中国，每年大约有16万人死于胃癌，尤其是近些年，胃癌发生率有年轻化的趋势，这不得不引起重视。

胃癌的发病原因探索了很多年。1893年，科学家首次通过对6只狗的胃腺和壁细胞处进行显微镜观察，证实哺乳动物胃内存在一种螺旋体样微生物。1896年，科学家也证实在狗和猴子的胃、小肠溃疡部位存在螺旋体样微生物。之后又有科学家观察到患有出血性胃肠炎的狗胃内有类似的微生物。后来进一步证实这种螺旋体样微生物可由猫或狗传播给鼠。

但直到1983年科学家才首次从慢性活动性胃炎患者的胃黏膜活检组织中成功分离出幽门螺杆菌（图12–12），幽门螺杆菌也是目前所知道的能够寄生在人胃中生存的唯一微生物种类。在1983年之后又发现了一系列由幽门螺杆菌感染引起的相关疾病，如胃炎、消化道溃疡、淋巴增生性胃淋巴瘤等。幽门螺杆菌到底与人类共生了多久已无从考证，人类难求永生是否与这个小生物有关呢？

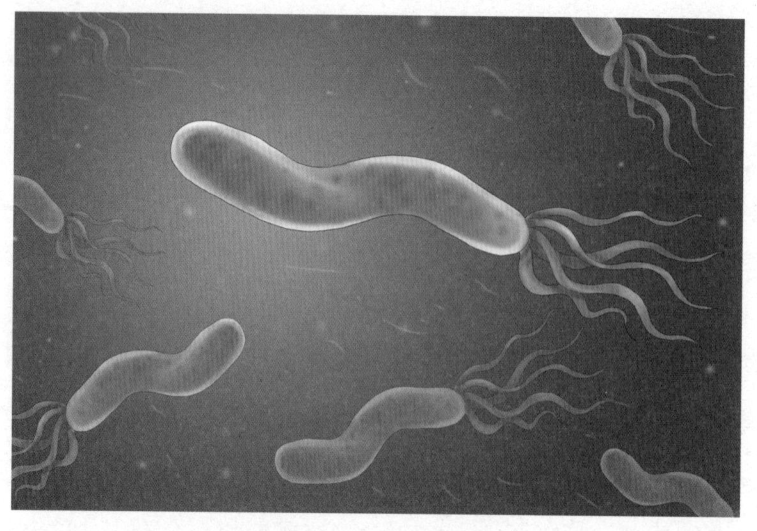

图12—12　幽门螺杆菌

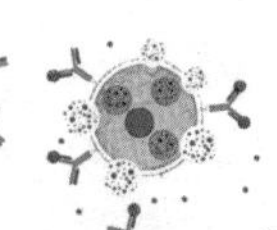

现已证实至少一半以上的幽门螺杆菌株可以产生空泡毒素（Vac A），这种毒素可导致胃黏膜上皮细胞空泡形成，从而引起细胞损害，破坏胃黏膜屏障。从幽门螺杆菌的发现到分离经过数代科研工作者的艰辛努力，时间跨度也有近一百年，可见每一个重大发现或发明，虽有偶然，但更多的是坚持不断的探索。

近些年越来越多的证据显示，幽门螺杆菌感染与胃癌死亡率高低呈平行关系。另外，67% ~ 80% 的胃溃疡和 95% 的十二指肠溃疡是由幽门螺杆菌引起。因此及早发现幽门螺杆菌感染者并有效地杀灭细菌，对预防和控制胃癌有重大意义。2017 年 10 月 27 日，世界卫生组织国际癌症研究机构公布的致癌物清单中，幽门螺杆菌（感染）在一类致癌物清单中。幽门螺杆菌被正式确定为胃癌的高危因素。

胃作为体内几乎与外界刺激物接触时间最长的一个器官，在种类繁多、功能复杂强大的胃内细胞以及神经体液等系统的协同作用下，胃通常不容易受损伤，使人类在大部分时间能健康从容地应对纷繁复杂的世界。但长期、慢性、大量的不良刺激，最终也会让胃有不能承受之重，也因为胃的复杂性，损伤之后的胃也不容易修复。以胃癌术后 5 年生存率来看，远低于许多肿瘤。

中医之所以看重胃气到这里更明了啦。无论是保护胃黏膜免于损伤或者中医所讲的扶正胃气，都需要胃内细胞正常地发挥作用，需要胃黏膜的完整无损，所以日常健康的饮食和良好的生活习惯都很重要。酗酒、抽烟、暴饮暴食，长期大量的强刺激饮食，包括精神紧张、劳累、饮食不规律，对胃黏膜细胞都是一种不良刺激。

对于幽门螺杆菌，还不十分清楚其是在怎样一种情形下入侵胃并扎下了根，目前的几代根除幽门螺杆菌的方案都有一定的疗效，但是耐药反应逐渐上升，科学家们一直在致力于新的根治方案。

合理休息及饮食、良好的餐饮习惯、坚持分餐，可能都是预防幽门螺杆菌感染，甚至免于胃癌的一种有效措施。